# 事故现场
# 急救技术


主　编　唐绍其　雷　云　黄炯森

副主编　王文锋　罗如强　李春花

编　委　唐绍其　王燕华　曾德明　雷　云　黄炯森
王文锋　罗如强　李春花　娄孟伟　樊丽琳
尹辅臣　李丽叶　周起谋　伍维莉　李　乐
李敏睿　窦梦瑶　李　妍　潘董夏　唐　洁
何志伟　吴林秀　张丽娣　吴潇芸


SHIGU
XIANCHANG
JIJIU JISHU

**图书在版编目(CIP)数据**

事故现场急救技术/唐绍其,雷云,黄炯森主编.—武汉：武汉大学出版社,2023.12(2024.7 重印)

ISBN 978-7-307-23963-0

Ⅰ.事…　Ⅱ.①唐…　②雷…　③黄…　Ⅲ.事故—急救—基本知识　Ⅳ.X928.04

中国国家版本馆 CIP 数据核字(2023)第 170460 号

责任编辑:胡　艳　　　责任校对:李孟潇　　　版式设计:马　佳

---

出版发行：**武汉大学出版社**　(430072　武昌　珞珈山)

(电子邮箱：cbs22@ whu.edu.cn　网址：www.wdp. com.cn)

印刷:武汉图物印刷有限公司

开本:787×1092　1/16　印张:10　字数:237 千字　插页:1

版次:2023 年 12 月第 1 版　　2024 年 7 月第 2 次印刷

ISBN 978-7-307-23963-0　　定价:49.00 元

---

# 前　　言

近几十年，世界上各类突发事故不断发生，如何科学应对和及时、有效地加以处置及实施正确的事故急救，是当今各国政府必须面对的一个重大课题。我国是世界上自然灾害最为严重的国家之一，灾害种类多、分布地域广、发生频率高、造成损失重，安全生产仍处于爬坡过坎期，各类安全风险隐患交织叠加，生产安全事故仍然易发多发。

“十四五”时期，我国发展仍处于重要战略机遇期。国家坚持以人民为中心的发展思想，统筹发展和安全两件大事，把安全摆到了前所未有的高度，对全面提高公共安全保障能力、提高安全生产水平、完善国家应急管理体系等作出全面部署，为解决长期以来应急管理工作存在的突出问题、推进应急管理体系和能力现代化提供了重大机遇。2022 年 2 月，国务院印发《“十四五”国家应急体系规划》(以下简称《规划》)，对“十四五”时期安全生产、防灾减灾救灾等工作进行全面部署。《规划》指出，加强应急力量建设，提高急难险重任务的处置能力，包括建强应急救援主力军国家队、提升行业救援力量专业水平、加快建设航空应急救援力量以及引导社会应急力量有序发展。到 2035 年，建立与基本实现现代化相适应的中国特色大国应急体系，全面实现依法应急、科学应急、智慧应急，形成共建共治共享的应急管理新格局。

现场急救是应急救援的重要组成部分之一，是指在意外事故、自然灾害现场，利用现场所具备的人力、物力对伤员所采取的一系列初步抢救措施和方法，即伤员尚未到达医院前的救治。事故现场往往伴随人员受伤，若将抢救意外伤害、危重急症的希望完全寄托于等待救护车或直接将病人送进医院，往往会错失最关键的抢救时间。现场急救知识与技术注重实践技能的训练，普及化可行性强，使用范围广泛。很多灾难事故的第一目击者并非医务人员，只有学会现场急救的基本技能，如规范对伤员进行心肺复苏、止血、包扎、骨折固定等，才能对伤员进行初步急救，为进一步处理赢得宝贵时间。在伤员转移到医院前，救援人员在现场的急救对减轻疼痛、减少伤残率和死亡率有很大的作用。因此，学好事故现场急救技术，对保障生命安全有重大的意义。

本教材分成五个模块：事故现场急救概述，事故救援工作的组织与管理，正常人体解剖生理概要，事故现场急救技术，各类常见事故现场急救。本教材的编写主要有以下特点：一是针对性强，根据高职院校安全类专业学生学情分析，有针对性地设计了教学内容和教学环节；二是理论与实践结合，注重事故现场急救理论知识与实操技能的融合与创新，使救援过程有理论、有实操；三是配套资源丰富，教材图文并茂，后续还将配套操作视频、课件和习题，以帮助读者提高实操技能。

本教材的出版得到了以下项目的资助：广西职业教育示范特色专业及实训基地项目“消防工程示范特色专业及实训基地”，广西安全工程职业技术学院 2022 年校级教改项目

“以职业能力为导向的高职院校应急救援技术专业模块化教学的研究与实践”，广西安全工程职业技术学院首批立项建设校级在线精品课程“事故现场急救技术”。

本教材可供安全类专业的学生使用和社会公众使用。本书在编写过程中参考了大量专业文献和资料，受益匪浅，在此一并向作者表示感谢。由于编者水平有限，书中难免存在不足之处，敬请读者批评指正。

**编　者**

2023年8月

# 目　录

# 模块一　事故现场急救概述

◎ **知识目标**：简述我国事故现场急救的发展及重要意义；概括现代灾害及事故现场急救的特点、原则；描述事故现场伤员检伤分类和急救区域划分；总结事故现场急救程序。

◎ **能力目标**：能描述事故现场急救的主要学习内容；能对突发公共事件进行分类；能完成伤员检伤分类和急救区域划分；能完成伤员病情判断；能模拟紧急呼救；能模拟事故现场急救程序展开救援。

◎ **素质目标**：具有临危不惧、临危不乱、处事不惊、从容应对的心理素质；团结协作，善于沟通，具备团队精神；具有时间就是生命、分秒必争的急救意识；具有保护伤员和周围人群的安全意识。

## 项目一　事故现场急救的特点、原则

### 一、突发公共事件分类

人类发展史是一部与大自然抗争的历史。现代文明的飞速进步也未能使人类摆脱灾难的阴影。人类社会正处在一个突发事故频发的时代。突发事故是指突然发生，造成或者可能造成重大人员伤亡、财产损失、生态环境破坏和严重社会危害，危及公共安全的紧急事故。根据突发公共事件的发生过程、性质和机制，将突发公共事件主要分为自然灾害、事故灾难、公共卫生事件和社会安全事件四类。

(1)自然灾害：主要包括洪涝、干旱、台风、冰雹、雪灾、沙尘暴、雾霾等气象灾害，火山、地震、山体崩塌、滑坡、泥石流等地质灾害，风暴潮、海啸等海洋灾害，森林草原火灾，重大生物灾害等。

(2)事故灾难：主要包括工矿商贸等企业的各类安全事故、交通运输事故、公共设施和设备事故、环境污染和生态破坏事件等。

(3)公共卫生事件：主要包括传染病疫情、群体性不明原因疾病、食品安全和职业危害，动物疫情以及其他严重影响公众健康和生命安全的事件。

(4)社会安全事件：主要包括恐怖袭击事件、经济安全事件和涉外突发事件等。

各类突发事故按照其性质、严重程度、可控性和影响范围等因素，一般分为四级：Ⅰ级(特别重大)、Ⅱ级(重大)、Ⅲ级(较大)和Ⅳ级(一般)，依次用红色、橙色、黄色和蓝色表示。Ⅰ级突发事件由国务院负责组织处置，Ⅱ级突发事件由省级政府负责组织处置，

Ⅲ级突发事件由市级政府负责组织处置，Ⅳ级突发事件由县级政府负责组织处置。

## 二、现代灾害的特点

### （一）频发性和破坏性

自然和人为灾害越来越严重地威胁着人类的生存和发展，对人类社会造成严重危害。地震、温室效应、酸雨等灾害不断爆发，发生次数越来越多、间隔越来越短。人为灾害的发生频率逐渐增加，短时间内难以形成减少趋势。现在全球每年因交通事故死亡人数超过120万人，伤3000万人以上，致残约500万人，人为灾害造成严重人员伤亡和财产损失。由于工业化和城市化进程的加速，社会物质财富和人口相对集中，灾害造成的人员伤亡越来越多，损失越来越大。

### （二）多因性和复杂性

工业革命以来，由于人类对自然资源的过度开发，造成生态系统严重失衡，自然的调节功能严重削弱。自然灾害发生中，人为因素的影响越来越大。例如，交通事故的发生与车辆状况、道路状况、交通流量、天气和驾驶员技术和身体状况等多种因素相关；矿难的发生与矿的性质特点、开采时间、矿周地质因素、人员技术和安全措施等多种因素相关。因此，灾害的发生具有多因性及复杂性。

### （三）链发性和复合性

一种灾害发生以后，常常诱发一连串其他灾害，形成灾害链或复合性灾害。灾害链中最早发生的起作用的灾害称为原生灾害；而由原生灾害所诱导出来的灾害则称为次生灾害。自然灾害发生之后，破坏了人类生存的和谐条件，并衍生一系列其他灾害，这些灾害泛称为衍生灾害。这是因为大气圈、水圈、生物圈、岩石圈是相互交错的统一体，每一种灾害的发生由许多因子促成，而且会触动并影响其他系统，伴随一系列次生灾害。

### （四）随机性和周期性

自然灾害活动是在多种条件作用下形成的，既受自然条件控制，又受天体活动影响，其发生的时间、地点、强度等具有极大的不确定性。但是，自然灾害作为大自然活动中的一种形式，其发生、发展及结束都服从于“周期性”这一自然规律。自然灾害的危机过程一般划分为5个阶段：灾害潜伏期或征兆期、灾害发生期或突发期、灾害迅速蔓延期或高峰期、灾害衰减期或延续期、灾害终止期或恢复期。不同自然灾害的发生可能存在不同的周期性特征。因此，现代自然灾害的变化规律，应该是地质时期自然变异的演化规律的延续。

### （五）突发性和渐变性

地质灾害的发生多因地区圈层的能量积累到一定程度后突然释放而形成，带有猝不及防的特点，一般强度大、过程短、破坏严重，但影响范围相对较小，如地震、滑坡、泥石流等。渐变性自然灾害则相反，其危害的严重性是逐渐显现的，如旱灾、病虫害、地面沉降等。但是渐变性的自然灾害发展到一定程度后，也可能引起新的突发性自然灾害。

## 三、事故现场急救的特点

自然灾害或恶性意外事故一旦发生，往往来势凶猛，受害面积广泛，瞬间即可造成巨大财产损失和大批人员伤亡。原有的医疗卫生设备、通信设施、交通运输、人力资源以及生命给养系统，也可在灾害发生的刹那间遭到破坏，甚至瘫痪。灾害带来的财产损失与人员伤亡会对人造成严重心理创伤及各种应激性心身疾病；灾后一旦暴发流行病，不仅加重原生灾害的危害与救灾防病的难度，还会对灾民的生命健康构成更严重的威胁。所以，争分夺秒、及时有效地搞好灾害事故的医疗救援，是灾害事故现场医疗急救最重要、最急迫、最关键的措施。常见灾害事故现场医疗急救的主要特点有以下几个方面。

### （一）突然发生，毫无防备

各种灾害的发生往往出乎人们的意料，具有突然性、急迫性、广泛性和严重性的特点。很多灾害目前的预报还相当困难。至于人为因素造成的事故灾害，更是无法预料。需要进行现场急救的对象往往是突发疾病或意外伤害事故中出现的急危重症伤员。伤员多为生命垂危者，若不能得到及时救护，便有死亡、致残、留有严重后遗症的危险。灾害现场往往没有专业医护人员，发生灾害时不仅需要在场人员进行急救，还需要呼喊更多的人参与急救。可见，群众急救知识普及化、社区急救组织网络化、医院急救专业化、急救指挥系统科学化，是完成事故现场急救的关键。

### （二）救援情况复杂，难以预测

灾害事故致人伤害的性质、种类、程度是极其复杂而且变化莫测的。这一切都使得灾害事故医疗卫生救援工作变得十分复杂而又难以预测。

### （三）需多部门配合，任务艰巨

灾害事故医疗卫生救援工作是一项错综复杂的综合性工程。它不仅要有多学科医疗卫生技术的综合应用，医疗救护、卫生防疫工作的相互配合，还需要整个救灾系统，如排险、运输、通信、给养、后勤、公安、法制等各个部门的密切配合。只有将各部门综合成一个有机整体，在各级政府统一调度、统一指挥下，才能根据实际情况井然有序地实施高效率的医疗卫生救援工作，才能完成紧急、艰巨、复杂的救援任务。

### （四）组织机构的临时性

由于灾害发生的突然性，通常是灾害发生时才临时集中各方力量，组成高效率的临时机构，在最短时间内开展工作。这就要求必须具备严密的组织措施、良好的协作精神。

### （五）救治环境简陋，需就地取材

救灾医疗救护工作必须到现场进行。灾区生态环境往往遭到严重破坏，公共设施无法运行。缺电少水，食物、药品不足，生活条件十分艰苦，事故急救现场通常无齐备的抢救器材、药品和转运工具。因此，要机动、灵活地在伤员周围寻找代用品，通过就地取材来获得消毒液、绷带、夹板、担架等；否则，就会失去急救时机，给伤员造成更大损伤和不可挽回的后果。同时，医务人员在这种情况下执行繁重任务必须有良好的体力素质和高度的人道主义精神。

### (六)情况紧急，须分秒必争

突发意外事故后可能出现大批伤员，拯救生命分秒必争。1988 年亚美尼亚大地震的伤员救护工作表明，灾后 3h 内得到救护的伤员 90%存活；若 6h 后，只能达到 50%。要求救灾医务人员平时训练有素，除有精湛的医疗救护技术以外，还应懂得灾害医学知识，以便适应灾区的紧张工作。运输工具和专项医疗设备的准备程度是救灾医疗保障的关键问题。

### (七)病情复杂，难以准确判断

意外事故发生时，伤员数量多、伤情重，一个伤员可能合并有多个系统、脏器的受损，需要具有丰富的医学知识、过硬技术的医疗人员才能完成现场急救任务。有的事故现场虽然伤员比较少，但由于发生紧急，只能依靠自救或依靠“第一目击者”进行现场急救。在特殊情况下还可能出现一些特发病症，如挤压综合征、急性肾功能衰竭、化学烧伤等，尤其在化学和放射事故时。救护伤员除必须有特殊技能外，还要有自我防护的能力。这就要求救灾医务人员掌握多学科知识，对危重伤员进行急救和复苏。

### (八)大量伤员同时需要救治

灾害突然发生后，伤员常常同时大批出现，而且危重伤员居多，需要急救和复苏，按常规医疗办法无法完成任务。这时可采用军事医学原则，根据伤情，对伤员进行鉴别分类，实行分级救治，后送医疗，紧急疏散灾区内的重伤员。

### (九)危害的持续性

各种灾害发生后往往伴发多种次生灾害，造成持续性的危害，其中与医疗救护有关的也不少，如灾后各种流行病的发生，核化事故的发生带给人们长期的灾害。

## 四、事故现场急救的基本原则

### (一)灾害救援的基本原则

当今世界，灾害事故伤害不断，灾害意外伤害的威胁日渐突出。灾害救援是一个庞大的系统工程，人们对灾害发生规律和特点的认识促进灾害救援原则的总结和改进。所以，应急救援人员掌握灾害事故现场应急救援的主要特点及基本原则十分重要，可降低灾害事故导致的意外伤害伤员的死亡率。

(1)人道救援原则。灾害救援首先要尊重生命，救人是第一位的。灾害救援应以抢救生命为首要和中心任务。国际红十字会(International Committee of the Red Cross，ICRC)行动原则较好地体现了灾害救援中应该遵守的人道准则：①人道需求优先；②援助不分种族、信仰或国籍，且无任何附带条件，援助仅凭需求优先；③援助不以特定政治或宗教观点为目的；④努力避免成为政府外交政策工具；⑤尊重文化与习俗；⑥努力以当地之力形成灾害响应能力；⑦设法使项目受益者参与援助的管理；⑧援助需尽力增强未来的抗灾能力以及满足基本需求；⑨对待援者和救援者双方负责；⑩在情报、宣传和广告活动中需尊重受灾者的尊严。

(2)快速反应原则。灾害发生后，应立即开始救援行动，及时、迅速是救援的基本原则。一般认为，地震灾害救援的最佳时机是震后72h，即3d时间。时效救治是按照创伤救治的时效规律，在最佳救治时机采取最适宜的救治措施，以达到最佳救治效果的保障原则和工作方式。伤员救治存在最佳救治时间段，在黄金时段采取救治措施，救治效果最佳；在灾害环境条件下，分时段在不同地点采取不同的救治措施，实施连续性的医疗后送，最终可以挽救伤员生命。因此，快速反应在灾害救援工作中占有重要地位。

(3)安全救援原则。任何灾害的救援工作都要保证救援者安全，包括救援队伍整体安全、设备安全、器械安全等，尽量做到既实现救援的目的，又没有人员的牺牲。在救援中正确的决策可以避免集体伤亡，保证救援力量能争取更大的抢救效果。因此，在灾害救援中要牢固树立安全原则。救援人员的安全也很重要，应避免救援行动造成救援人员的伤亡。同时，施救者也应善于保护自己，这是现代救援理论的基本观点。

(4)自救互救与专业救援互补原则。大灾造成灾区自身的救援体系破坏甚至摧毁。特别是大型灾害时，灾区社会基础设施，如道路、房屋、能源、通信设施等全被摧毁。外界的救援力量到达困难，且需要一定的时间，因此，灾后最初期的救援必须依靠灾区的自救与互救。同时，高级的救援需要专业救援队伍和专门技术，专业救援队伍必须尽快抵达灾区。

(5)区域救援原则。灾害救援应以区域为基础。因为灾害的发生具有地域特点，跨区域救援会存在时效、人流、物流等多方面问题，只能是补充和支援。因此，建设区域灾害救援体系非常重要。对于中小灾害，本区救援力量能够良好运行时，救援应以本区救援体系为主；本区救援体系破坏，不能完成救援任务时，应立即启动外部救援力量。

(6)科学救援原则。救援是专业技术，要遵守科学原则。人为灾害的救援更需要专业救援力量和专业技术。在救援现场，首先要评估环境安全。如评估建筑结构稳定性，确定二次倒塌的可能性；评估水电气设施、危险品、内部空气状况等，确定搜索路线、方法，对救援现场进行支撑加固，创造安全通道。要充分分析搜救人员的安全、搜救难度、花费时间以及幸运者生存可能。救援现场应掌握如下科学救援原则：

①先救命后治伤，先重伤后轻伤。在事故的抢救工作中常会受到干扰，导致危重伤员常在最后抢救。因此，一定要严格遵守先救命后治伤，先重伤后轻伤的救援原则。

②先抢后救，抢中有救。尽快脱离事故现场，特别是飞机失火时，以免发生爆炸或有害气体中毒。

③先分类再后送。对于大出血、严重撕裂伤、内脏损伤、颅脑重伤等重伤员，若未经检伤和任何医疗急救处置就急送医院，有部分伤员还未送到急诊室心跳已停。因此，为了发挥救护人员的最大效率、尽可能多地拯救生命、减少伤残及后遗症，必须迅速对伤情作出正确判断与分类，掌握救治的重点，确定急救和后送的次序。

④医护人员以救为主，其他人员以抢为主，各负其责，相互配合，以免延误抢救时机。通常先到现场的医护人员应该担负现场抢救的组织指挥。

⑤消除伤员的精神创伤。灾害的强烈刺激会引起一些人强烈的心理效应，据统计，约有 3/4 的人出现轻重不同的所谓灾害综合征，表现为失去常态，有恐惧感，容易轻信谣言等，灾害给伤员造成的精神创伤明显。对伤员的救治，除现场救护及早期治疗外，及时后送伤员在某种程度上往往能减轻这种精神上的创伤。

(7)检伤分类与分级救治原则。该原则是指在批量伤员发生且救治环境不稳定时，将伤员救治活动分工、分阶段、连续组织实施的组织形式与保障原则。大体可分为三级救治：

①第一级，现场抢救：抢救小组(医务人员为主)进入灾区现场后，搜寻和发现伤员，指导自救互救，首先要确保伤员呼吸道通畅，同时进行包扎、止血、初步固定并填写伤情卡，然后将伤员搬运出危险区，就近分点集中，再后送至灾区医疗站和灾区医院。

②第二级，早期救治：在灾区医疗站或灾区医院对现场送来的伤员进行早期处理，检伤分类，填写好简单病历或伤情卡，然后送到稍远处的医院或中转医疗所。

③第三级，专科治疗：由指定的设在安全地区的地方和军队医院(即后方医院)进行较完善的专科治疗，直至伤员治愈。如果伤员发生地就近有专科治疗的医院，应当立即送往就近医院进行专科治疗，不必受到救治分级的约束。

(8)灾害准备原则。灾后快速有效的救援行动是以平时的充分准备和训练为基础的。灾前贮备重于灾后行动。应更重视灾前准备，如救援预案的制定、救援队伍的训练、救援物资的储备、群众防灾知识普及和演练等。

(9)心理救援的伦理原则。心理救援是在一种特殊的环境下实施心理辅导和心理支持的一项工作。专业性的心理救援工作除了要具备一套完善的、成熟的专业方法和专业技巧外，还必须遵循救援的伦理原则。

### (二)灾难现场急救的基本原则

灾难现场具有救援资源有限、救援条件艰苦、伤员多而重等特点，现场急救人员应遵循以下六个急救的基本原则：

(1)时效性原则。力争早抢救，快转移，迅速脱离危险场所。对大出血、严重创伤、窒息、重度脱水等患者，应在现场进行必要的急救处置，保全生命，迅速后送。

(2)损害控制原则。采用最简单的、最有效的救治措施，处理危及生命的情况，确定生命安全，即遵循“先救命、后救伤”的原则。突发事件现场救治一般只能采取通气、止血、包扎、固定、搬运、基础生命支持等适宜技术。

(3)分级救治原则。伤员从现场紧急救治到确定性治疗和康复治疗的过程，实施分工、分阶段救治，保证治疗的连续性，现场急救只负责处理危及生命的损伤。

(4)边急救边分类原则。为保证灾难现场救治有序进行，保证重伤员得到优先救治，必须对现场批量伤员进行检伤分类。检伤分类是现场急救人员最重要的任务之一，分类的目的是分清伤情的轻重，决定伤员处理及后送的优先顺序，在检伤分类的同时，对危及伤员生命的伤情进行处理。

(5)救治与防护相结合原则。在突发事件现场，救治人员保护好自身安全与救治伤员同等重要，只有保证救治人员自身安全，才能高效开展现场救治工作。

(6)共同参与原则。突发事件应急医学救援需要全社会共同参与，要充分发挥公众以及志愿者等社会力量作用，在搜救伤员与后送、自救互救、卫生防疫、血液供应、生活保障等方面，充分调动社会力量的积极性。

# 项目二 事故现场伤员检伤分类和急救区域划分

## 一、事故现场伤员检伤分类概述

当各种严重意外伤害或灾难性事故(如地震、水灾、火灾、战争、恐怖事件、高速公路撞车、飞机失事等)发生时，往往伴随着批量伤员的出现，而医护人员、设备、药品、材料等救援资源常常不能满足救治的需要，存在救治需求和救援资源供应之间的矛盾。现场急救要遵循特别的原则，在伤员救治需求和能提供的救援资源之间找到平衡，使总体救援效果达到最大。这就需要依靠及时有效的检伤分类，把伤员按照伤情和救治可能进行分类，确定救治先后顺序，以便合理高效地利用医疗救援资源，使伤员尽快获得最有效的救护，提高现场急救成功率。

### (一)检伤分类概述

检伤分类也称为现场分拣，是一个以伤员的救治需要或迅速从医疗中最大获益的可能性作为依据，对伤员进行检伤和分类的过程。

检伤分类最早用于军事医学领域，后逐渐成为事故救援中的工作程序之一。现代检伤分类的历史可以追溯到拿破仑时代，一位拿破仑军队中的外科医生 Dominique Jean Larrey 提出分检理论，即：不论伤员级别高低，最危重者将首先得到救治，他还开创了战场紧急救护体系。1846 年，John Wilson 进一步完善了战伤检伤分类的理论，他认为救命技术应优先用于最需要的伤员。到了 20 世纪，这种实践在一些国家的军队中进一步得到了运用和发展，挽救了更多伤员。第一次世界大战的战伤救护中已经建立战伤检伤分类站。第二次世界大战进一步完善了战伤救护体系，实现了战场上的紧急救护、分级救护和后送，恰当的检伤分类明显改善了战伤救治效果，被认为是急救时早期重要的医疗救护方法。朝鲜战争和越南战争期间，医疗航空器等先进后送工具的出现，使得战场上的快速分检和高级复苏成为可能，战场死亡率得到大幅度的降低。

战时的检伤分类是对一个伤员的检伤过程，目的是确定伤员治疗上的优先顺序。受伤的士兵以他们伤情的严重程度被分类，严重受伤的士兵被优先治疗，其次是受伤较轻的士兵，再次是能够等待治疗的士兵。

### (二)检伤分类目的

群发群伤事故发生后，由于伤员数量大、伤情复杂等因素，当地的医疗卫生资源往往处于不足的状况，这就导致现场急救和转送都面临巨大挑战。正确地进行检伤分类，根据不同伤员的轻重缓急，使医疗救援资源得到合理分配，能够最大限度地发挥医疗救援资源的作用，实现救援效果的最优化。

在伤员数量多、伤情复杂的事故中，当伤员数量超过了救治能力或医疗资源时，通过检伤分类，以明确现场救治和转运的先后顺序。检伤分类应达成 3 个目的：①识别需要立刻抢救的伤员，同时将危害环境和他人的伤员与其他人分开；②将轻、中、重伤员分开，以便确定救治优先权；③判定伤员耐受能力和转运的紧急性。在伤员数量有限的小型事故中，应尽最大努力为每位伤员提供最恰当的医疗服务。

#### (三)检伤分类者

现场检伤分类工作通常由有经验的医生或护士承担。检伤分类者应具备扎实的临床医学知识和相关的急救管理知识、丰富的临床经验和伤(病)情评估判断能力、高度负责精神和沟通组织能力，以及相应的法律知识。

### 二、事故现场伤员检伤分类原则和方法

#### (一)检伤分类原则

现场检伤分类应根据先重后轻、先救后送的原则进行。检伤分类工作是在特殊、困难而紧急的情况下进行的，所以应边抢救、边分类，争取做到快速、准确、无误。

(1)优先救治病情危重但有存活希望的伤员。

(2)分类时，不要在单个伤员身上停留时间过长。

(3)对每个伤员都采取相同的规范化步骤进行分类。

(4)对没有存活希望的伤员要放弃救治。

(5)分类时，不做过多消耗人力的处置，只做简单可稳定伤情的急救处理。

(6)有明显感染征象的伤员要及时隔离。

(7)分类后，伤员应安置于不同的区域等待治疗和后送。

(8)分类是一个动态的过程。伤情、环境、救援力量、转送能力等的变化均可使分类级别发生改变。重复检伤分类是必要的和重要的。

#### (二)检伤分类

对现场伤员做出分类判断后，将伤员分为 4 类，并用不同颜色的分类卡对伤员进行标记。我国现统一采用红、黄、绿、黑四种颜色的标签，分别表示不同的伤病情及获救轻重缓急的先后顺序，以便救援人员按分类卡进行相应处理。分类卡(包括颜色)由急救系统统一印制，背面注有简要病情，挂在伤员左胸的衣服上。如没有现成的分类卡，可临时用硬纸片自制。

(1)第一优先(红色)，伤势严重，威胁生命，需紧急救治和转运。如开放性损伤伴大出血、休克、胸腹伤、严重烧伤。应维持和(或)恢复患者生命功能，包括基本的创伤 ABC 复苏措施和生命功能检查，维持患者呼吸、循环功能的稳定。

(2)第二优先(黄色)，伤势较重，但暂无生命危险。如腹部创伤不伴有休克，胸部

损伤无呼吸障碍，不伴休克的下肢损伤、头部损伤、颈椎损伤，以及轻度烧伤。应迅速明确并控制创伤后病理生理紊乱，包括进行有针对性的检查和实施各种确定性的救治措施。

(3)第三优先(绿色)，伤势较轻，暂时不需手术，可自行转院。如软组织损伤颌面部外伤无呼吸障碍和精神急症。应及时确定并处理一些隐匿的病理生理性变化，如低氧血症代谢性酸中毒等。

(4)第四优先(黑色)，用于标示确认已死亡或无法救治的致命损伤。

### (三)常用的检伤分类方法

1. 简明检伤分类法(Simple Triage and Rapid Treatment，START)

START 于 1983 年由美国加利福尼亚州的霍格医院医护人员及纽波特比奇消防局工作人员共同创建，是目前国际通用的一种检伤分类方法。该方法适用于大规模伤亡事件现场短时间内大批伤员的初步检伤，由最先到达的急救人员对伤员进行快速地辨别及分类。

START 快速、简单及使用方便，只需一两名经过训练的急救人员即可完成，对每名伤员的分类不超过 1 分钟。通过对伤员行走能力、呼吸、循环和意识方面的评估(图 1-1)，START 将伤员分为四类，分别以红色、黄色、绿色和黑色标示，代表第一优先、第二优先、第三优先和第四优先。红色标志给予呼吸>30 次/分、桡动脉搏动不能触及或毛细血管充盈时间>2 秒、不能执行指令的伤员；黄色标志给予不能行走，且不符合红色和黑色标准的伤员；绿色标志给予能够自己行走到另一医疗点接受进一步评估和治疗的伤员；黑色标志给予没有救治希望，即使开放气道仍无呼吸的伤员。

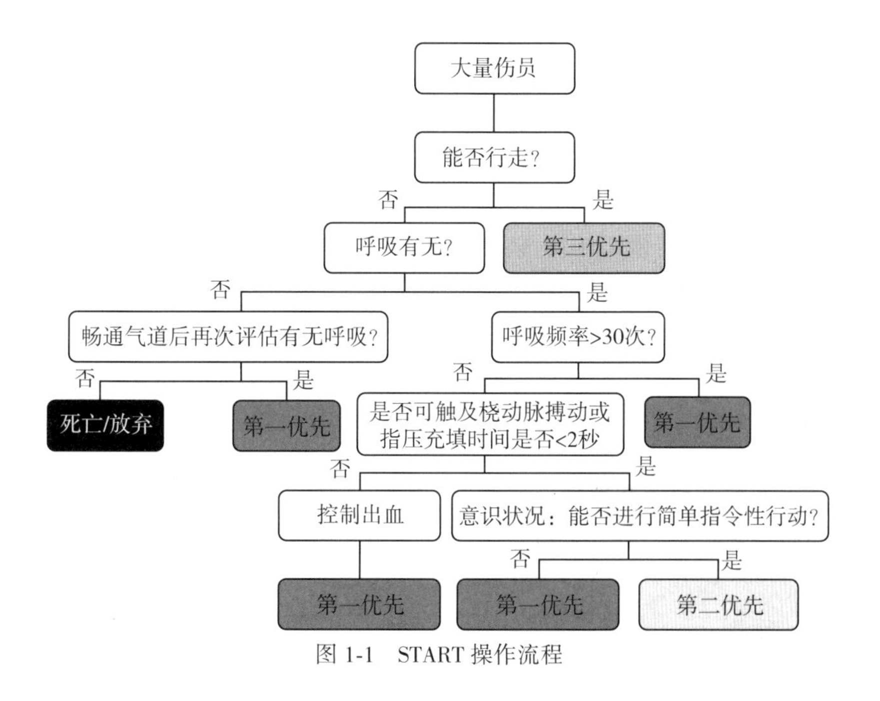


图 1-1　START 操作流程

2. Homebush 检伤分类法

Homebush 检伤分类法于 1999 年由澳大利亚学者建立，它以 START 为基础，但增加了第五类白色标志，专指临终的伤员。将临终伤员从已经死亡区分开来，对其给予关怀性治疗，同时设一专门区域安置这类伤员，而不是将它们置于尸体中间。红色标志给予桡动脉搏动不能触及、不能遵从指令、呼吸大于 30 次/分的伤员；黄色标志给予不能行走，且不符合红色、白色和黑色标准的伤员；绿色标志给予可自行行走至指定的安全地点处理的伤员；白色标志给予死亡中，可以触及脉搏，但无自主呼吸的伤员；黑色标志给予已经死亡，尝试开放气道也无呼吸的伤员。该分类法强调将各类伤员安置在用各种颜色标志的区域，而不仅仅是在他们身上贴标签。同时，为了通信联络的方便，选用 5 个单词“alpha”“bravo”“charlie”“delta”“echo”分别代表不同的紧急程度(见表 1-1)。

表 1-1 **Homebush 检伤分类法**

| | |
|---|---|
| 红色，立即，alpha | 呼吸>30 次/分；桡动脉搏动不能触及；不能遵从指令 |
| 黄色，紧急，bravo | 不能行走，且不符合红色、白色和黑色标准 |
| 绿色，非紧急，charlie | 可自行行走至指定的安全地点处理 |
| 白色，临终，delta | 死亡中，可以触及脉搏，但无自主呼吸 |
| 黑色，死亡，echo | 已经死亡，尝试开放气道也无呼吸 |

3. MASS 检伤分类法

MASS 检伤分类法以 START 为基础，适用于灾难时大量伤员的检伤分类。MASS：Move(运动)，Assess(评估)、Sort(分类)、Send(后送)。与 START 评估方式不同，MASS 检伤分类法在对每一个体伤员进行检查前即将其分入某一类。首先开始“运动”，指导能自己行走的伤员到一指定的区域，这些伤员属于轻伤/绿色标志。不能自己行走的伤员要求他们移动一侧上肢或下肢，能够遵嘱移动任意肢体者属于延缓/黄色标志。如果伤员不能遵嘱移动肢体，将进行评估并分入“立即”或“期待”组。然后“评估”，参照“START”方法进行。“评估”阶段还进行主观判断，将致命伤伤员分入“期待”组，不管这些伤员预计存活期的长短，包括 100%面积的烧伤、致命性放射损伤等。“分类”则是根据客观的指标将伤员进一步分类，并根据“分类”情况“后送”。

## 三、伤员后送及注意事项

### (一)后送概念

伤员后送是经现场救治病情稳定或需进一步行专科治疗的伤员，经协调后向专科医院或上级医院转送的程序和措施。救援人员能否及时安全地后送伤员，直接关系救治工作的有效进行，是完成分级救治的重要手段。

### (二)后送原则

伤员后送的原则是先重后轻、先急后缓。现场如有伤情严重危及生命需立即实施手术抢救的伤员，则应首先后送；伤情较重需早期手术者次之；伤情稳定或者较轻的伤员，则最后采取后送措施。

### (三)后送要求

(1)由于后送要求时间紧迫而短暂，所以伤员集中点必须安排在急救站附近，以减少医疗转送的过程。如果没有医生在场，应该由懂得急救常识的非专业人员对伤员进行初步处理和观察。在及时施行医疗救护过程中，将伤员后送到各相关医疗机构。

(2)为提高医疗救护质量，应尽可能减少医疗转送的过程。

(3)将伤员迅速后送到进行确定性治疗的医疗机构。

(4)后送途中要密切监测伤员的生命体征，对不同伤员采取不同的后送体位，途中及时吸氧、吸痰，保持伤员呼吸道通畅。

### (四)后送工具

(1)用担架、应急器材或救护车在现场抢救伤员后运送。

(2)用卫生运输工具，如救护车、救护用飞机、直升机、卫生列车、医疗船等后送伤员，尤其是危重伤员。

3( )不得已时，征用普通的运输工具转送伤员，尤其是轻伤员。在灾害事故中，直升机是转送伤员最理想的运输工具之一。

### (五)后送指征

(1)下列情况之一的伤员应该后送：后送途中没有生命危险者，手术后伤情已稳定者，应当实施的医疗处置已全部完成者，伤病情有变化已经处置者，骨折已固定确实者，体温在 38.5℃以下者。

(2)下列情况之一者暂缓后送：继续出血者或休克未得到纠正、途中可能发生休克者；颅脑伤伴深昏迷，或因颅内血肿、脑水肿等使颅内压增加，有可能发生脑疝者；颈髓损伤有呼吸功能障碍者；胸、腹部术后病情不稳定者；骨折固定不确定或未经妥善处理者；大出血、严重撕裂伤、内脏损伤、颅脑重伤、开放性骨折、严重挤压伤、窒息性气胸、颈部伤时，伤情特别危重，无法后送；患者病情十分严重或不稳定，随时有生命危险者，如需要在现场心肺复苏、呼吸道阻塞未解决、化学烧伤未得到彻底洗消、脊柱损伤无有效的固定措施、高位截瘫伴呼吸障碍、接受全麻手术尚未清醒者等，应指定有经验的急救人员严格把关。

## 四、急救区域划分

当现场有大批受伤人员时，为方便抢救与治疗，最简单、有效的急救区域划分方法如下：

### (一)收容区

收容区为伤员集中区，设置在靠近事故现场的安全地带，以减少伤员的转送距离。在此区给伤员挂上分类卡，为救援人员的抢救工作提供方便。

(二)急救区

抢救和治疗区紧邻收容区。急救区内主要接收红色和黄色标志的危重伤员，救援人员在此进行必要紧急的复苏和进一步抢救等工作，如对休克、呼吸和心搏骤停者等进行生命复苏。

(三)后送区

后送区主要是接收能自己行走或较轻的伤员。

(四)太平区

太平区停放已死亡的伤员。

## 项目三 事故现场急救程序

需要现场急救的急危重症伤员处在医院外的各种环境中，有些意外伤害、突发疾病甚至发生在不安全的现场。为在条件复杂的现场保证救护秩序和质量，救护应有序进行。合理的事故现场急救程序是，当意外发生后，救援人员首先评估现场情况，确保自身安全，对所处的状态进行判断，分清病情的轻重与缓急，进行呼救及现场自救或互救，安排伤员后送。

### 一、现场评估

在紧急情况下，救援人员通过实地感受、眼睛观察、耳朵听声、鼻子闻味等方式进行事故现场评估，以便遵循现场急救行动的程序，利用现场所具备的人力、物力实施救护。评估时必须迅速控制情绪，尽快了解现场情况，完成评估，然后寻求医疗帮助。

(一)评估现场情况

先评估是否身处险境、有无生命危险，以及致伤原因、受伤人数等，然后判断现场可以利用资源，以及所需支援、可采取哪些现场急救行动。

(二)评估安全保障

在进行现场急救时，可能会有意外因素使救援人员产生危险，因此，应确保自身安全。注意观察周围是否有导致伤员再次受伤或妨碍现场救护的因素，如裸露的电线、倒塌物、坠落物、交通隐患，是否处于易跌落的位置等。

(三)个人防护设备

在现场进行急救时，应尽可能使用个人防护用品，以阻止病原体或毒物进入身体。在可获取的情况下，用呼吸面罩、呼吸膜等实施人工呼吸，戴医用手套、眼罩、口罩等个人防护品。个人防护设备必须放在容易获取的地方，以便于现场救护使用。

## 二、判断伤情

处在情况复杂的事故现场时，应沉着、镇静地观察伤员病情，在短时间内做出病情判断。病情判断的目的在于迅速发现危及生命的首要问题，并立即采取有效急救措施。在对急危重症伤员进行病情判断的过程中，必须树立“挽救生命第一”的急救理念，并强调边评估边救治的原则。先对伤员的神志、呼吸、心跳、脉搏、瞳孔进行观察判断，然后检查局部有无创伤、出血、骨折畸形等变化。具体检查顺序如下：

### （一）检查意识是否存在

首先判断伤员意识是否存在，如拍打伤员双肩并大声呼唤，观察有无睁眼或有肢体运动等反应。如伤员对刺激无反应，表明意识丧失，已陷入危重状态。此时要保持伤员呼吸道畅通，谨防窒息。勿猛烈摇晃伤员，特别是对怀疑有脑外伤、脑出血、脊柱损伤的伤员。如伤员神志清醒，应尽量记下其姓名、住址、与家人联系的方式、受伤时间和受伤经过等情况。

### （二）检查呼吸是否停止

正常人呼吸频率为16~20次/分。生命垂危伤员呼吸变快或变浅或不规则。伤员陷入垂危状态时或临死前，呼吸变得缓慢、不规则，直到停止；心跳停止可引起呼吸停止。如伤员呼吸停止，应马上进行口对口人工呼吸。

（1）清理口腔异物。如果伤员发生严重呕吐，呕吐物可能堵塞呼吸道而使呼吸停止。所以，应先检查呼吸道是否通畅，有无被异物、呕吐物阻塞。用最短的时间，先将伤员的衣领口、领带、围巾等解开，迅速清除其口鼻内的污泥、呕吐物或者异物等，以利于呼吸道畅通。异物若为液体，在翻身、头侧位时会自行流出；异物若为固体或半流体（污物、假牙及呕吐物等），可用手指挖出。

（2）打开气道。伤员无意识时，舌根后坠、软腭下垂会阻塞气道，因此检查呼吸或人工通气前需要开放气道。可使用以下两种方法打开气道：

①仰头抬颏法：如伤员无明显头、颈部受伤，可使用此法。伤员取仰卧位，救援者站在伤员一侧，将一只手放置伤员前额部用力使头后仰，另一只手食指和中指放置下颏骨部向上抬颏，使下颌尖、耳垂连线与地面垂直。

②双手托颌法：在怀疑伤员有颈椎受伤时使用此法。病人平卧，救护员位于伤员头侧，两手拇指置于伤员口角旁，余四指托住伤员下颌部位，在保证头部和颈部固定的前提下，用力将伤员下颌向上抬起，使其下齿脱离上齿。

（3）判断呼吸是否停止。可用“一看、二听、三感觉”的方法。“一看”是指观察胸廓的起伏。“二听”是指侧头用耳尽量接近伤员的口鼻部，听有无气流声音。“三感觉”是指在听的同时，用脸颊感觉有无气流呼出。如胸廓有起伏，并有气流声音及气流感，说明尚有呼吸存在；反之，则说明呼吸已停止。如无呼吸，应立即进行心肺复苏。这是在现场救护时推荐使用的方法。

### (三)检查心跳、脉搏是否停止

正常人心跳频率为60~100次/分。严重的心律不齐、急性心肌梗死、大量失血以及其他急危重症伤员，常有胸闷、心慌、气短、剧烈胸疼等先兆表现，此时心跳多不规则，脉搏常细而弱、不规则。若伤员出现口唇发绀、意识丧失，则多说明心脏已陷入严重衰竭阶段，可有心室纤维性颤动(室颤)。如伤员脉搏随之更慢，迅速陷入昏迷并倒地、脉搏消失，则预示心跳停止。如果伤员心跳停止，应马上进行胸外心脏按压。

(1)触摸颈动脉法。由于颈动脉较粗，易暴露，便于迅速触摸，故常用触摸颈动脉的方法来判断伤员心跳是否停止。方法是：救援者将一只手放在伤员前额，让其头部继续保持后仰的同时，将另一只手的食指和中指指尖并拢，置于伤员的喉部，平喉结向下滑动2~3cm，到胸锁乳突肌前缘的凹陷处。如能触到搏动，说明心跳未停止；反之，则说明心跳已停止。

(2)触摸股动脉法。方法是：在腹股沟韧带中点稍内侧的下方能摸到股动脉搏动。

(3)触摸肱动脉法。方法是：在肱二头肌上中段可摸到肱动脉的搏动，对婴儿多采用此法。

(4)直接听心跳。方法是：若伤员心跳微弱，血压下降，脉搏摸不清楚，尤其是怀疑伤员出现严重情况、心跳发生显著变化时，救援人员可用耳朵贴近其左胸部(左乳头下方)，倾听有无心跳。衣着较少时，使用此法较为方便。若无法听清或听不到心音，则说明心跳停止，应立即实施心肺复苏术。

### (四)检查瞳孔大小

瞳孔位于虹膜正中，呈黑色。外界光线强时，瞳孔会缩小；反之，瞳孔则会自动放大。瞳孔缩小见于有机磷类农药中毒等；瞳孔散大见于阿托品中毒、深度昏迷、临终前或已死亡者。

### (五)判断总体情况

(1)体表评估。正常人神志清楚，皮肤、黏膜红润，有光泽。处于休克或生命垂危者常表现为面色苍白，冷汗淋漓，嘴唇、指甲发绀等。应检查伤员体表有无出血。

(2)头部评估。检查伤员头皮、颅骨和面部是否有损伤或骨折；观察眼、耳、鼻、口部有无伤口、出血、骨折、异物、充血、水肿，有无视物不清、听力下降、口唇发绀、牙齿脱落、面色苍白等。

(3)颈部评估。检查颈部外形与活动有无改变，有无损伤、出血、血肿，有无颈部压痛、颈项强直。触摸颈动脉搏动和节律，观察气管是否居中，是否有颈椎损伤。

(4)脊柱评估。主要针对创伤伤员，在未确定是否有脊髓损伤时，不可盲目搬动伤员。检查时，用手平伸向伤员后背，自上而下触摸，检查有无肿胀、疼痛或形状异常。

(5)胸部评估。检查锁骨有无异常隆起或变形，略施压力时有无压痛，确定有无骨折；观察胸部有无创伤、出血或畸形、肋骨骨折；观察呼吸状态，吸气时两侧胸廓是否对称，询问是否有胸痛及疼痛部位。

(6)腹部评估。检查伤员腹部有无隆起、包块；有无创伤、出血、腹内容物外露；有无腹胀，腹痛及腹痛性质；有无压痛、反跳痛及肌紧张。

(7)骨盆评估。两手分别放在伤员髋骨两侧，轻轻增加压力，检查骨盆有无疼痛和骨折。观察外生殖器有无损伤。

(8)四肢评估。检查有无畸形、肿胀、疼痛；注意关节活动是否正常；观察皮肤颜色、温度、末梢循环情况等。

## 三、紧急呼救

紧急呼救是指在医疗机构外各种事故发生的现场，救援人员在救护前通过有线或无线通话系统向专业急救机构或附近医疗机构发出呼救，这对于保障危重伤员获得及时救助至关重要。出现突发事件、灾害事故和发现危重伤员时，经过现场评估和初步伤情判断后，要立即救护，向专业救援机构和附近担负急救任务的医疗部门、社区卫生单位报告。

世界各国规定了本国统一的呼救电话号码，利于民众记忆和使用，如美国的“911”、韩国和日本的“119”、印度的“102”、德国的“112”以及我国常用的医疗急救电话“120”。不同的问题由不同的机构立即作出救援反应，由主管部门立即派出行政管理人员、专业工程人员、医疗救护人员等到现场进行排险和抢救。

### (一)呼救方式

事发现场如果只有1名救援人员，采用边抢救边呼救的方式；如果现场有多人，可相应分工，由有急救经验的人员施救，同时其他人拨打急救电话，并向急救中心简述伤情，以利于急救人员做好救护准备。

### (二)内容和注意事项

(1)呼救时报告的内容：拨打呼救电话时需用最精炼、准确、清晰的语言说明伤员所处的位置、目前的情况及严重程度，包括伤员的人数、存在的危险及需要何种急救。一般应简要清楚地说明以下五个方面的情况：

①说明突发事件的准确地点。尽可能指出附近街道交汇处或其他显著标志，如大型商场、著名地标物、某酒店旁等，为施救定位缩小难度；急救指挥调度中心也可以通过地球卫星定位系统追踪呼救者的正确位置。

②报告伤员的姓名、性别、年龄和联系电话等。如果伤员是儿童，应将其家长姓名、联系电话告诉对方；如果伤员不能行走且身边无人能抬时，可向“120”请求派出担架员。

③说明伤员目前最紧急的情况，如晕倒、呼吸困难、大出血或重物压迫等。

④出现灾害事故、突发事件时，应说明伤害的性质、严重程度和伤员的人数等。如果有大批伤员，还应请求对方协助向有关方面呼救，争取相关部门参与援助。

⑤说明现场能采取的救护措施。

(2)注意事项：

①急救中心派出救护车时最好有人员到附近路口等候，为救护车引路，以免耽误抢救

时间。

②等待救护人员到来的期间，把伤员身边可能阻碍急救的物品拿走，疏通搬运伤员的通道。

③准备伤员必须携带的物品。

④呼救 20 分钟后如果救护车还未到达，可再次联系。

⑤在救援人员到达之前，呼救过的电话要保持畅通，尽量别用呼救的电话去拨打其他电话。

## 四、自救与互救

自救是指在危险环境中没有他人的帮助下，靠自己脱离险境。互救是指在有效地保护好自己人身安全的前提下，妥善地救护他人。现场人员及时有效的自救与互救对疾病的进程和预后十分关键，处理不当，则可加重伤员损伤，甚至威胁生命安全。

自救与互救的基本要求是最大限度地使伤员尽快脱离致伤因素的继续作用。当意外伤害发生时，现场人员不可惊慌失措，应冷静判断，想方设法脱离险境，避免或减少致伤因素的继续伤害。在周围环境不危及生命的条件下，一般不要轻易搬动伤员，伤情不明确时，暂时不给任何饮品和食物。现场无人时，应向周围大声呼救，同时向相关部门报告。

## 五、安全后送

经现场救治病情稳定或需进一步行专科治疗的伤员，经协调后按伤员后送原则转送至医院，注意加强后送途中监护。

# 模块二　事故救援工作的组织与管理

◎ **知识目标**：简述事故医疗卫生救援报告的目的、基本内容、程序和报告时限；描述事故救援工作的组织与管理；概括灾害事故的心理应激特点和心理干预措施。

◎ **能力目标**：能准确判断医疗卫生救援事件的分级；能完成事故医疗卫生救援报告；能完成灾害事故现场医疗救援；能完成卫生救援与疫(毒)区的隔离与警戒；能运用心理危机干预措施实施心理干预。

◎ **素质目标**：具有良好的团队协作和交流、沟通能力；具有争分夺秒的急救意识；具有认真负责的工作态度；具有良好的组织协调能力、准确的判断力和应急能力；具有良好的服务意识和奉献精神；树立保护伤员和周围人群的安全意识。

## 项目一　事故医疗卫生救援的报告

### 一、报告的目的

#### (一)发出呼救信息，获取医疗救援

突发事故发生后，现场的存活人员应当立即向急救中心及各自的上级部门报告，目的是发出呼救信息，以便迅速获得医疗救援，保障生命安全，减少人员伤亡。

#### (二)及时了解灾情，迅速组织抢救

急救中心或有关单位应当及时将灾情报告上级卫生行政部门和当地政府，以便上级卫生行政部门和当地政府及时了解灾情，根据抢救预案迅速组织抢救；并及时将抢救情况报告上一级卫生行政部门和当地政府。

### 二、报告人或报告单位

#### (一)报告人

突发事故发生之后，及时拨打“120”以便立即向当地急救中心(站)发出呼救信息，保证突发事故信息的快速汇集。

#### (二)报告单位

(1)当地急救中心(站)。作为当地政府的专业急救机构，急救中心(站)应该掌握本

地的呼救信息和突发事故处理情况，并迅速上报当地政府和卫生行政部门，以便于政府领导的统一组织、协调与管理。

(2)当地医院。如果当地尚未建立急救中心(站)，则可以将呼救信息和突发事故处理情况向当地医院报告，医院在接到呼救信息后，除了要尽快组织抢救外，还要立即向当地政府或当地政府的热线电话报告。

(3)相邻地区相关部门或人员。事故发生地若丧失报告能力，则应由相邻地区政府卫生行政部门、医疗卫生单位或医疗卫生人员履行报告程序。

## 三、报告的基本内容

(1)初次报告：包括突发事件发生时间、地点、事件类别、医疗机构接诊和收治伤员人数及伤情分类，已采取的医疗救援措施，是否需要上级卫生行政部门支持等。

(2)进程报告：包括伤员门诊留观和住院治疗人数、伤情分级及转归、在不同医院的分布情况，进一步的医疗救援措施等。

(3)终结报告：包括突发事件伤病总体情况、紧急医疗救援工作整体开展情况、问题与经验教训、改进措施和建议等内容。

## 四、报告的工作程序

(1)医疗急救中心(站)和其他医疗机构接到突发事故的报告后，在迅速开展应急医疗卫生救援工作的同时，立即将人员伤亡、抢救等情况报告现场医疗卫生救援指挥部或当地卫生行政部门。

(2)现场医疗卫生救援指挥部、承担医疗卫生救援任务的医疗机构要每日向上级卫生行政部门报告伤员情况、医疗救治进展等，重要情况要随时报告。有关卫生行政部门要及时向本级人民政府和突发公共事件应急指挥机构报告有关情况。

(3)各级卫生行政部门要认真做好突发公共事件医疗卫生救援信息发布工作。

(4)医疗卫生救援指挥部应该在救援工作结束后总结本次救援工作并向上级汇报。

## 五、医疗卫生救援事件分级

根据突发公共事件性质、危害程度、涉及范围，将医疗卫生救援事件分为特别重大(Ⅰ级)、重大(Ⅱ级)、较大(Ⅲ级)和一般(Ⅳ级)四级。

### (一)特别重大事件(Ⅰ级)

(1)一次事件伤亡 100 人以上，且危重人员多，或者核事故和突发放射事件、化学品泄漏事故导致大量人员伤亡。

(2)跨省(区)的有特别严重人员伤亡的突发公共事件。

(3)国务院及其有关部门确定的其他需要开展医疗卫生救援工作的特别重大突发公共事件。

### (二)重大事件(Ⅱ级)

(1)一次事件伤亡 50 人以上、100 人以下，其中死亡和危重病例超过 5 例的突发事件。

(2)跨地级以上市、省直管县(市、区)、有严重人员伤亡的突发事件。

(3)省人民政府及其有关单位确定的其他需要开展医疗卫生救援工作的重大突发事件。

#### (三)较大事件(Ⅲ级)

(1)一次事件伤亡30人以上、50人以下，其中死亡和危重病例超过3例的突发事件。

(2)地级以上市、省直管县(市、区)以人民政府及其有关单位确定的其他需要开展医疗卫生救援工作的较大突发事件。

#### (四)一般事件(Ⅳ级)

(1)一次事件伤亡10人以上、30人以下，其中，死亡和危重病例超过1例的突发事件。

(2)县级人民政府及其有关部门确定的其他需要开展医疗卫生救援工作的一般突发公共事件。

### 六、报告的时限

(1)特别重大(Ⅰ级)、重大(Ⅱ级)医疗卫生救援事件：地方各级卫生行政部门在接到特别重大、重大级别突发事件或在敏感时期、敏感地区、敏感人群发生的突发事件医疗救援信息时，应当立即同时向同级人民政府和上一级卫生行政部门报告，在紧急情况下，可先以电话或短信形式报告简要情况，再进行书面报告。

(2)较大(Ⅲ级)、一般(Ⅳ)级别的突发事件：医疗救援信息报告按照相关预案和规定执行。

## 项目二　事故救援工作的组织与管理

突发事故造成大量的伤员，这些伤员的脱险、抢救、治疗、转送等工作的涉及面极广，影响因素众多，需要政府和各级管理部门统一指挥、分级负责、协调有序及运转高效的应急联动管理体系，有效协调各应急救援机构及单位，提高救灾快速反应能力，实施高效救援。

### 一、事故救援工作的组织与管理

#### (一)灾害事故医疗救援的组织

1. 常备组织

(1)中华人民共和国应急管理部组织编制国家应急总体预案和规划，指导各地区各部门应对突发事件工作，推动应急预案体系建设和预案演练。建立灾情报告系统并统一发布灾情，统筹应急力量建设和物资储备并在救灾时统一调度，组织灾害救助体系建设，指导安全生产类、自然灾害类应急救援，承担国家应对特别重大灾害指挥部工作。

(2)各地政府建立“紧急救援指挥中心”，平时可为当地提供各种紧急救援服务；在发生灾害事故时，作为当地政府的最高指挥机构，行使灾害事故抢救的指挥权。

(3)省、地、市、县各级卫生行政机构成立“灾害事故医疗救援领导小组”，并接受上一级的领导。各级“灾害事故医疗救援领导小组”要及时掌握当地灾害事故的特征、规律、医疗救护资源、地理交通状况等信息，组织、协调、部署与灾害事故医疗救援有关工作。各级政府卫生行政部门要结合当地社会、经济状况制定符合当地需求的医疗救援预案。

(4)各地县级及县级以上综合医院应该建立常备突发事故紧急救援队，配备一定数量的急救医疗器材，由医疗队所在单位保管，定期更换；配备一定数量性能和状态完好的救护车，以备急用。

(5)各地红十字会、人道主义志愿人员可以建立常备突发事故紧急救援组织，在当地急救中心(站)的组织指导下共同参加现场抢救工作。

2. 组建突发事故现场医疗救援应急指挥中心

(1)各地医疗急救中心(站)应该建立“医疗救援指挥中心”，它从属于当地“紧急救援指挥中心”。平时以“120”电话为媒介向当地市民提供现场急救服务；发生重大突发事故时，自动转化为当地政府的“医疗救援应急指挥中心”，行使突发事故现场医疗抢救的组织指挥权。

(2)在本地急救中心(站)和急救网络健全的条件下，如果当地卫生行政部门最高领导尚未到达突发事故现场或尚未介入抢救工作，当地卫生行政部门应该赋予急救中心(站)在突发意外突发事故时的应急指挥权，即指挥调动本地的卫生资源(如人员、车辆、药品、物品等急救资源)参与抢救。突发事故医疗救援领导小组视情况提请地方政府协调道路、铁路、航空、水运、军队、国家医药管理部门等有关单位协助解决医疗救援有关的交通、伤员的转送、药械调拨等工作。

3. 组织应急医疗救援力量

(1)可以调用的力量包括：

①突发事故紧急救援队，包括由政府有关机构设置的专业救援队伍和国家有关部门在重、特大自然灾害时派出的国家灾害事故紧急救援队。

②医疗急救队伍，由急救网络和医院构成的医疗急救队伍。重、特大自然灾害时由国家有关部门派出邻近地方医疗救援力量。

③军队、武警力量，由政府与当地驻军、武警联系，随时调用。重、特大自然灾害时由国家有关部门派出外来军队、武警力量。

④民间组织，是指由各级民政部门作为登记管理机关并纳入登记管理范围的社会团体、民办非企业单位、基金会和涉外社会组织四类社会组织。民间组织与灾难医学及救援密不可分、互为补充，在当地急救中心(站)的组织指导下共同参加现场抢救工作，在应急急救、后勤保障、政策支持、灾后重建等方面发挥着不可低估的作用。

⑤国际社会相关救援组织，在发生重大灾害时，通过人道主义救援，为受灾国提供急需的食品、药品设备、装备等应急物资和专业救援人员，对于减轻灾害损失和灾后恢复重

建具有重要意义。

(2)现场医疗救援指挥权的确认：

①现场临时指挥组：先期到达现场的最高医疗卫生行政领导行使指挥权，随即到达现场组织的现场临时指挥组将接替其医疗指挥权。其他单位的医疗救援队应服从现场临时指挥组的指挥。

现场指挥组职责：组织抢救人员成立检伤分类组、现场救护组；组织协调急救网救护力量及灾害调研与资料收集；做好现场通信联络工作，保证与指挥中心、当地卫生行政机构、当地政府的通信畅通；负责收集伤员的资料(包括姓名、性别、年龄、伤病情、转送医院名称及医院接收情况等)；做好现场救援工作的总结汇报；负责突发事故原因调研及资料采集。

②医疗救援应急指挥中心：到达现场的急救机构领导在现场组建突发事故现场的医疗救援应急指挥中心，先期到达的现场临时指挥组成员向其移交指挥权，并汇报有关救援情况。

医疗救援应急指挥中心的职责：了解和掌握突发事故现场情况；根据灾情和现场抢救的进展情况，组织急救网络内的抢救梯队，组织当地医疗急救资源；负责向"紧急救援指挥中心"报告灾情及救援工作的组织状况；负责与各大医院的横向联系，安排重点伤员的分流后送工作；负责联系突发事故现场人员、车辆、通信、药品、器材、物品等的保障；负责联系突发事故现场抢救人员的生活保障工作。

③现场紧急救援指挥中心：当地政府领导到达现场组建现场紧急救援指挥中心，现场医疗救援应急指挥中心应该向现场紧急救援指挥中心报告，并接受现场紧急救援指挥中心的领导。

现场紧急救援指挥中心的主要职责是按照突发事故抢救预案组织和协调各抢救单位进行现场抢救工作，如：现场抢险抢救工作的展开；现场交通秩序的维护；现场通信的建立；消除灾害事故的继续发生；毁损建筑设施的清理、毁损车辆等交通工具的破拆；坑道洞穴的通风排水；伤病人员的检伤分类、紧急处置、安全转送，以及受阻人员的解救；尸体的收集、运送与存放等。

(3)组织程序：

①下达指令：当抢救指令直接由上级领导或指挥部下达时，立即组织医疗救援专业队实施救援，根据医疗救援工作的进展程度，及时组织增援力量。

②派遣应急分队：在受理呼救信息后的1min内派出应急分队，以初步了解、核实现场情况，以便于调度人员组织抢救人员及车辆赶赴现场。

③派遣抢救梯队：在派遣应急分队后立即组织并派出抢救梯队。轻度灾情不超过5辆；中度灾情不超过10辆；中度以上灾情一般不少于10辆(派车数量依具体情况而定)。后续梯队的组织由现场指挥组确定。

### (二)依据灾情伤情做出医疗救援决策

(1)启动"医疗救援应急指挥中心"。在发生地震、洪涝、火灾、泥石流、暴风雪等重大、特大自然灾害和交通事故、爆炸事故、矿山事故、危险化学品事故以及恐怖行动等重大、特大意外事故造成众多人员伤亡时，都需要当地政府启动“医疗救援应急指挥中心”。

(2)做出医疗救援决策；根据突发事故的种类、特点、伤亡人数及现场环境、条件和抢救预案，做出医疗救援决策。

①伤亡20人以下时，调用急救网络的人员、车辆进行现场抢救，并合理分流伤员；当地警察、交通、消防等协助医疗救援工作。

②伤亡20~50人时，调用急救网络的人员、车辆进行现场抢救，并合理分流伤员；当地警察、交通、消防等协助医疗救援工作，组织大医院接收伤员。

③伤亡50人以上时，调用急救网络的人员、车辆进行现场抢救，并合理分流伤员；调用当地政府的突发事故紧急救援队、医疗机构的应急队伍参与现场抢救；当地警察、交通、消防等协助医疗救援工作；组织当地的军队、武警等抢救力量参与现场抢救；组织当地多个大医院接收伤员。

④如果发生更大范围的自然灾害和特大事故，涉及大范围人群的安危并且超出当地医疗救援能力，则应该通过上级政府调用国家突发事故紧急救援队、邻近地区的军队、武警和医疗救援力量投入现场抢救。

(3)提供灾情信息和灾情预测。提供全面的灾情信息(包括突发事件的类别、时间、地点、范围、涉及人数)及灾情预测，为领导指挥医疗救援提供依据。

(4)建立辅助决策系统。解决如下问题：灾情采集后，通过人机交互进入智能决策系统，对灾情进行分析和预测；对医疗救援专业队的能力进行分析；对物资保障程度进行评估，形成抢救方案。

(5)任务理解和任务分解。辅助领导及时确定正确的决策和部署；分解寻找探测、破拆解救、基本抢救、高级抢救、合理分流、安全转送等基本任务。

### (三)灾害事故现场医疗救援的实施

1. 现场医疗救护

(1)在接到医疗救援的指令后，参与抢救工作的单位应该立即组队并赶赴现场。到达现场后应当立即向“突发事故现场医疗救援应急指挥中心”报到，并接受统一指挥和调遣。

(2)在现场医疗救护中，依据受害者的伤病情况，按第一优先、第二优先、第三优先、第四优先分类，分别以红、黄、绿、黑的标签做出标识并固定在伤病亡者左胸前部或其他明显部位，以便于医疗救援人员辨认并采取相应急救措施。

(3)现场医疗救援过程中，要本着“先救命后治伤、先重伤后轻伤”的抢救原则，将经治伤员的伤情、急救处置、注意事项等逐一填写于伤员情况单上，并置于伤员衣袋内(或贴身牢固携带)。

(4)根据现场伤员情况设手术、急救处置室(部)。

2. 伤员的后送

伤员经现场检伤分类、紧急处置后，要根据伤病情况向就近的医院分流。医疗救援指挥中心根据受伤人数、伤情种类、受伤程度、运送距离、医院特长和应急接受能力，确定现场伤员的分流方式、接收医院和行驶路线，并负责联系接收医院。必要时设伤员后送指挥部，负责后送的指挥协调工作。

### (四)医疗救援部门间的合作与协调

1. 各级急救机构/组织间的合作

(1)急救中心处于当地专业急救机构的领导地位，应迅速启动应急预案组织现场救援，包括现场伤情和安全评估、检伤分类、转运伤员、救援信息报告等。

(2)在发生重、特大突发事故时，各医院都应该无条件按照预定方案，组建应急抢救队，携带规定急救药品、物品、器材、车辆投入现场抢救。综合医院、专科医院还应承担确定性救治的职责。急诊科是接收成批伤员的重要关口，应无条件主动积极地接收伤病人员。任何医疗机构不得以任何理由拒收伤病人员。

(3)各级红十字会要协同卫生行政部门，参与突发事故现场抢救的医疗救援工作。红十字会的各级组织要在“现场医疗救援应急指挥中心”的统一领导下积极参与当地的医疗救援行动。平时应面向市民开展常用急救知识和自救互救技能的普及培训，以便市民在受到突发事故的伤害后进行初级自救互救。

2. 医疗救护与卫生防疫间的分工合作

大灾之后经常会出现严重的公共卫生后果，如病原微生物的扩散、具有放射性的核泄漏和有毒化学品的流失都会造成严重的环境污染、传染病的暴发流行和人身伤害。因此，在突发事故事件处理中，卫生防疫与医疗救护需要密切合作。在组织医疗救援时，应同时有计划地组织卫生防疫力量，在最短的时间内对灾区进行评估，改善灾区环境卫生，防止传染病的暴发流行，实现大灾之后无大疫。

3. 地方与军队间的合作

我国的军队有严密的组织系统，纪律严明，通信有效，反应灵敏，动作迅速，在历次抗震救灾、抗洪救灾、矿石事故等突发公共事件的紧急救援中做出了巨大贡献。军队的投入有利于应付突发事故的随机性，提高突发事故抢救的反应能力和机动性，军队是突发事故急救的常备力量。应该建立军民一体化的突发事故医疗救援模式，在创造政策法规环境、达成军民合作救援协议、健全医疗救援组织机构、提高灾害事故预报预测能力、提高应急救援能力、增强防灾救灾意识、强化灾害医学训练等方面切实做好工作。

4. 国内国际间的合作

灾害事故的发生具有随机性、突发性，通过加强国内国际的合作，可以一定程度避免或减轻灾害事故所引发的不良后果。可以参与医疗救援的国内组织有国家和各级救灾防病领导小组、各地的急救中心和医院构成的急救网络，以及各社会机构(铁路、交通、民航、民警、交警、消防等)和红十字会组织等。可以参与医疗救援的国际组织有联合国救灾组织、国际红十字会组织、非政府机构和双边援助机构等。平时应该加强国内外各医疗救援组织间的协调、合作与交流，在发生突发事故后及时通报情况，争取及早、充分的国际支援，有利于减灾的实际效果。

## 二、突发事故卫生救援工作的组织与管理

### (一)突发事故卫生救援的组织

1. 常备组织

对突发事故卫生救援工作实行规范管理，制定突发事故卫生救援工作预案，成立应急处理小分队，配备一定数量的疫情处理用品，做到常备不懈、及时有效。国家成立卫生健康委员会医疗应急司，省级卫生行政部门成立相应的组织，突发事故多发地区的县级以上卫生行政部门，根据需要设立相应的领导协调组织，并加强平时的常规培训。县级以上卫生行政部门主管突发事故的卫生救援工作。

2. 组织灾害现场卫生救援应急指挥中心

在当地政府救灾领导机构领导下，各级卫生行政部门成立相应的灾害现场卫生救援应急指挥中心。在突发事故发生后，到达现场的当地最高卫生行政主管部门领导即为灾害现场卫生救援应急指挥中心的总指挥，根据情况可设副总指挥，负责现场卫生救援指挥工作。

现场卫生救援应急指挥中心可酌情下设若干工作组：

(1)办公室：负责上传下达，协调本系统内工作，与其他部门横向联系，协助领导做好有关事务性工作。

(2)资料组：负责收集、整理、统计、分析卫生救援工作中的各种动态资料数据，及时向领导汇报，并向领导和各工作组提供相应的卫生救援情报资料。

(3)流行病组：负责疫情的调查、分析、预测、监测，预防控制方案的制定及贯彻实施，对各级卫生救援人员的培训，指导落实各项卫生防病措施。

(4)检验组：负责对现场各种样品的检验，为确定疫情的性质、污染传播的范围、可能传播的来源和继续传播的危险等提供科学的数据。

(5)消杀组：负责培训、组织、指导和具体实施灾区内、疫区内的消毒、杀菌、灭蚊蝇、灭鼠等工作。

(6)宣传组：负责编写、印制、发放灾区卫生防病知识各种宣传材料，与相应的宣传部门联系进行有关活动，在灾区、疫区内采用多种形式进行卫生防病知识的宣传和受领导的委托负责向新闻部门发布有关卫生救援工作的消息。

(7)检疫组：负责在必要时经政府批准后与交通、公安等部门实施交通卫生检疫，防止疫情的传播。

(8)后勤组：负责卫生救援工作中车辆、药品、器械、设备、快速检测器材和试剂、个人防护用品等物资等支持，以及对卫生救援人员相应生活的保障。

3. 组织应急卫生救援力量

以灾害发生地区的当地卫生救援力量为主，及时主动到达现场，组织应急卫生救援，同时要与医疗救援力量密切配合，注意救援梯队的组织，视情况随时调动。灾害现场卫生救援应急指挥中心视疫情、毒情、灾情等情况，请求外援力量。

(1)省级以上卫生行政部门决定派遣相邻地区(地方及部队)的卫生资源参与救援。

(2)对重大疫情、毒情，可组织外省防疫队、中央防疫队及军队、武警、消防等相关部门共同实施全方位的应急卫生救援。

(3)国家卫健委决定是否争取国际救援力量参与救援和重建家园。

### (二)依据灾情、疫情做出卫生救援决策

(1)当发生自然灾害、爆炸事故、毒物外泄、核放射事故、有害生物微生物播散或相应的恐怖活动时，受灾地区当地的卫生行政部门接到报告后，应立即组织医疗救护力量和卫生防疫专业队伍迅速赶赴现场，进行救护和确定已造成的危害性质，摸清危害的严重程度和人、地、时分布，以及潜在的、可能继续发生的公共卫生危害。同时，向上一级卫生行政部门和当地政府报告。

(2)根据现实的和历史的灾害、疫情情况，对疫情的发生、发展趋势进行预测，及时向上级领导汇报，并对预防控制方案、人力、物力的调配提出建议和意见，辅助领导决策。

(3)发生重大疫情，要采用最快捷的方式迅速逐级上报。卫生行政部门接到报告后，应立即组织救护力量或专业防治队伍迅速赶赴现场救治、调查、处理，采取有效控制措施，同时向当地政府和上一级卫生行政部门报告。

(4)当发生更大范围自然灾害和特大事故，疫情流行十分严重或原因不明引起伤残和死亡，疫情有向邻省、邻国传播的危险，由于一些原因(人员不足、经验欠缺，缺乏必要的供应和设备等)当地难以处理时，应向上级政府或临近地区政府、部队或国际等请求支援。

(5)当发生不明原因疫情时，卫生行政部门在组织救治、调查处理的同时，尽快组织专家到现场查明原因，并提出报告。

(6)省级卫生行政部门组织辖区内的医疗救护和防疫工作，解决药品、生物制品、医疗器械及消毒杀虫药械和急救交通工具。对卫生救援所需的各种保障进行预测，以便领导对各项保障需求有所准备。

(7)协调各部门各负其责，分工合作，做好救灾卫生防病工作，动员全社会参与。

### (三)灾区卫生救援与疫(毒)区的隔离与警戒

灾害现场卫生救援应急指挥中心及灾害发生地区的县以上政府可根据疫情控制的需要，报经上一级政府批准，根据《中华人民共和国传染病防治法》，实行疫(毒)区的隔离与警戒。

紧急措施内容包括：

(1)划定疫区。对传染病疫情进行流行病学调查，根据调查情况提出划定疫点、疫区的建议。

(2)宣布疫区。甲类、乙类传染病暴发、流行时，县级以上地方人民政府报经上一级人民政府决定，可以宣布本行政区域部分或者全部为疫区；国务院可以决定并宣布跨省、自治区、直辖市的疫区。

(3)封锁疫区。必要时，严格限制疫区人员和交通工具的流动。省、自治区、直辖市人民政府可以决定对本行政区域内的甲类传染病疫区实施封锁；但是，封锁大、中城市的

疫区或者封锁跨省、自治区、直辖市的疫区，以及封锁疫区导致中断干线交通或者封锁国境的，由国务院决定。撤销也需原决定机关宣布。

(4)卫生处理。传染病暴发、流行时，对疫点、疫区进行卫生处理，向卫生行政部门提出疫情控制方案，并按照卫生行政部门的要求采取措施。

#### (四)卫生救援部门间的合作与协调

(1)医疗救护与卫生防疫间的分工与合作。医疗救护部门迅速组织人员抢救治疗患者及中毒者，根据卫生行政部门安排，参与疫点(区)的检疫、采样化验、预防知识的宣传，从接诊人的角度密切注视记录疫情发展的动态。卫生防疫部门负责疫情、毒情的接报工作，控制现场，开展流行病学调查，指导和实施消毒杀虫工作，进行预防性投药和卫生知识的宣教，与医疗救护部门及时互通信息，对发生的特殊公共卫生问题，及时向医疗救护部门提供个人防护和患者救治原则的意见和建议。

(2)多部门协调提供救援保障。遵循先当地后外来、先地方后部队、先国内后国际原则组织救援力量。以当地卫生救援力量为主，视情况由当地政府协调交通、军队、武警、医药管理等部门，解决伤员转送、疫区隔离警戒、药械调拨、卫生救援技术和人员方面的支持配合等工作。

(3)各级红十字会、爱国卫生运动委员会办公室协同卫生行政部门，参与卫生救援工作，开展与国际救援组织的合作。

## 项目三　灾害事故时的心理应激特点及其心理干预

重大灾难事件在造成了严重人员伤亡和财产损失的同时，其惨烈的灾情也会让经历和目睹者受到强烈的心理应激，这种心理应激可能导致心理疾病。灾难救援人员不但要关注对受灾人群生理伤病的治疗，同时也不能忽视对其心理应激障碍的救治。在灾难事件发生后应有组织、有计划，科学、专业地为受害者提供心理应激干预，及时控制和减少灾难导致的心理影响，促进灾后心理健康重建。

### 一、灾害事故的心理应激特点

#### (一)心理应激的概念

灾难事件具有不可预见性、突发性、速度快、应激强度大等特点。当人类赖以生存的环境发生了巨大改变时，个体会陷入严重超负荷的身心紧张性反应状态中，机体内、外平衡系统被打破，从而出现一系列过度的心理和生理应激反应，导致广泛的精神痛苦和身体不适，同时影响人际交往、工作与生活，导致生活质量下降。在医学心理学中，心理应激是指个体在应激源作用下，由于客观要求和应付能力不平衡所产生的一种适应环境的紧张反应状态，通过认知评价、应对方式、社会支持和个性特征等中间因素的影响或中介下，最终以心理生理反应表现出来的多因素作用过程。

### （二）心理应激的发生发展过程

应激是由一系列生理和心理反应过程组成的，是机体在面对不良情境时的生理和心理上的自我防御过程。这个过程包括以下三个阶段：

（1）警戒反应阶段，是应激反应的最初阶段，是由应激源的刺激引起的，并伴随着一系列生理反应和心理反应，如心率加快、呼吸加快、心肺和脑血流量增加、血压升高、血糖升高、紧张、恐惧、愤怒等。这些反应唤起个体内在的防御能力，使机体处在最好的态势，以增强力量，准备做出“战斗或者逃跑”反应。如果应激源在短时间内消失，或是通过自我调节、自我控制，机体很快就会恢复到正常状态。如果应激源持续存在或缺乏自我调控能力，警戒反应将会使机体的生理和心理变化升级，警戒症状逐渐消失，机体进入应激反应的第二阶段——防御抵抗阶段。

（2）防御抵抗阶段，在这一阶段，机体竭尽全力地与应激状态进行抗击并试图通过与紧张状态抗争，恢复原有的正常状态。如果机体所做的努力获得了成功，机体将重新恢复到正常状态；如果努力失败，由于大量的能量消耗，机体会再度表现出生理和心理上的不适，于是，进入应激状态的最后阶段——衰竭阶段。

（3）衰竭阶段，如果在进入衰竭时，外在的压力源减弱或基本消失，或个体已经基本适应，则经过一段时间的调养和休整，一般是能够康复的。如果压力源继续存在，个体无法抵抗和适应，则在内在能量资源消耗殆尽的情况下，危险的发生就成为必然，最终不仅会导致生理疾病的发生，如果个体的心理承受能力脆弱，还可能引起心理和行为异常，严重时会引起精神疾病，甚至造成死亡。

### （三）应激源定义及分类

能够引起心理行为反应的各种内外环境的刺激称作应激源。应激源涉及广泛，种类众多，可以是来自体内的，也可以是来自体外的；可以是客观的，也可以是主观的；可以是正性积极的，也可以是负性消极的。

（1）根据应激源性质分类：

①躯体性应激源，指直接作用于躯体的理化与生物刺激，一般的刺激如高温、寒冷、缺氧、辐射、噪声、干燥、饥饿、感染、创伤、睡眠障碍等，这一类应激源是引起人们生理应激和应激的生理反应的主要刺激物。

②心理应激源，指一个人头脑中不符合客观现实与规律的认识与评价或对未来危险的预测，引起生活、学习、人际关系失调，导致的心理冲突、挫折和自尊感降低等。心理性应激源虽然直接来自人们的头脑，但也常常是外界刺激物作用的结果。

③社会性应激源，指社会方面各种因素的刺激，如道德问题、社会支持系统、个人重大生活事件，以及准备完成急、难、险、重任务等，还有战争、被绑架或监禁以及突发的社会变革等，都可能会导致不同程度的心理与行为的失调。

④文化性应激源，指语言、风俗、习惯、生活方式、宗教信仰等社会文化环境的改变而引起的应激。

（2）按生活事件的现象学分类：

①工作事件，是指工作环境或工作性质具备紧张性和刺激性，易使人产生不同程度的应激。如：长期从事高温、低温噪音、矿井下等环境的工作，长期远离人群或高度消耗体力及威胁生命安全，或是社会要求和个人愿望超出本人实际能力限度的工作等，都可成为心理应激的来源。

②家庭事件，如亲人患病或死亡、家庭照护负担重、居住条件拥挤或是家庭成员之间关系紧张，都可成为长期慢性的应激事件。

③人际关系事件，包括与领导、同事、邻里、朋友之间的意见分歧和矛盾冲突等。

④经济事件，包括经济上的困难或变故，如负债、失窃、亏损和失业等。

⑤社会和环境事件，每个人都生活在特定的自然环境和社会环境当中，包括各种自然灾害、战争和动乱、环境的污染等，都可成为应激源。

⑥个人健康事件，指疾病或健康变故给个人造成的心理威胁，如癌症诊断、健康恶化、心身不适等。

⑦自我实现和自尊方面事件，指个人在事业和学业上的失败或挫折，以及涉及案件、被审查、被判罚等。

(3)按事件对个体的影响分类：按生活事件对当事人的影响性质，可分为正性和负性生活事件，是以当事人的体验作为判断依据。

①正性生活事件，是指个人认为对自己具有积极作用的事件，如晋升、提级、立功、受奖等。但也有一些常规是喜庆的事情，而在某些当事人身上却会出现消极的反应，例如结婚可能使某些当事人出现心理障碍，成为负性事件。

②负性生活事件，指个人认为对自己产生消极作用的不愉快事件。这些事件都具有明显的厌恶性质或带给人痛苦悲哀心境，如亲人死亡、患急重病等。

(4)按生活事件的主观和客观属性分类：

①客观事件，某些生活事件的发生是不以人们的主观意志为转移的，是无法掌握、无法控制的，多为突然发生的灾难，如地震、洪水、滑坡、火灾、车祸空难、海难、空袭、战争等，还包括人的生老病死事件。

②主观事件，这些事件是相对可预料和可制的，并具有一定的主观属性，如居住条件差、工资收入低、社会关系长期关系紧张、工作学习负担过重，以及对职业不满意而又无法改变等。

上述各种应激源在现实生活中很少单一存在，多数情况下，许多种应激源常常并存，而且各种应激源之间互相联系、互相影响，构成了一种较为复杂的混合状态。

### (四)应激的心理反应

灾难事件中，强烈、持久的心理应激反应可以成为人们身体不适、虚弱和精神痛苦的根源，可以击溃人体的生物化学保护机制，造成机体对疾病的易感受状态，在其他因素共同作用下导致身心疾病。具体来讲，应激的心理反应涉及认知、情绪及行为三个方面，这三方面的反应不是孤立的，通常是双向调节，构成一个反馈回路系统。

1. 情绪性应激反应

个体在不同应激源的刺激下，产生各种不同的情绪反应，一般可具体表现为焦虑、恐惧、抑郁、愤怒等不良情绪。

(1)焦虑，是最常出现的情绪性应激反应，是人预期将要发生危险或产生不良后果的事件时所表现的紧张、恐惧和担心等情绪状态。其特征包括：一是紧张、害怕；二是烦躁不安、心神不宁；三是担心、忧虑。焦虑产生后，常出现交感神经活动功能亢进现象，如脉搏加快、血压升高、呼吸加深、出汗、四肢震颤、烦躁和坐卧不宁等。在心理应激条件下，适当的反应性焦虑可以提高人的觉醒水平，是一种保护反应。但在重大灾难事故中，过度和慢性的焦虑则会削弱个体的应对能力和自主神经功能紊乱。

(2)恐惧，是一种企图摆脱已经明确的有特定危险并会受到伤害或生命威胁的情景时的情绪状态。个体在恐惧状态下会出现某些系统的生理功能反应，如明显的心慌、胸闷、气短、面色苍白、出冷汗、手脚颤抖等自主神经功能紊乱的表现。适度的恐惧有助于个体意识到危险的存在，引起警觉，从而有效控制自己的行为，以便积极应对所面临的突发事件或灾难。但是，若面临突发的灾害情境时，个体不知所措，缺乏战胜危险或渡过难关的信心，内心就会被恐惧笼罩，表现我逃跑或回避，严重时还会出现行为障碍和社会功能的损失。

(3)抑郁，是在灾害事故发生后一段时间内出现的悲哀、孤独、丧失感和厌世感等消极情绪状态，以情绪低落为主，同时多伴有失眠、食欲减退、性欲降低、思维迟缓和意志减退等。抑郁常由亲人丧亡、失恋、失学、失业、遭受重大挫折和长期慢性躯体疾病等引发。轻度的抑郁包括郁郁寡欢、郁闷、心烦意乱、苦恼、悲观失望、自我评价过低、兴趣减退等；较重的抑郁表现为动力缺乏、绝望、自责、自罪，感觉度日如年、生不如死，在此基础上甚至会产生强烈的自杀观念甚至自杀行为。

(4)愤怒，是人们在追求某一目标的过程中遇到障碍或受到重大挫折时，个人主观认为此障碍是不合情理的，从而产生的愤恨、气恼、敌意的情绪。愤怒发生时，可伴有生理功能的改变，如心跳加快、面色潮红、肌肉紧张等，并具有攻击性意向。过度愤怒时可丧失理智，无法自控而导致严重后果。

2. 认知性应激反应

一般地，个体处于适度的应激状态时具有积极的作用，有助于增强感知水平、提高认识能力，便于解决面临的问题。但是若在强烈的应激源影响下，如突发的灾害事故，认知能力普遍下降，表现为意识障碍、注意力受损、记忆与思维减退等。

这些负面的认知性应激反应主要包括：

(1)偏执：个体在应激后出现认知狭窄、偏激、钻牛角尖，平时非常理智的人变得固执，蛮不讲理。也可表现为过分的自我关注，注意自身的感受、想法、信念等内部世界，而非外部世界。

(2)灾难化：个体经历应激事件后，过分强调事件的潜在即消极后果，引发了整日惴惴不安的消极情绪和行为障碍。

(3)反复沉思：不由自主对应激事件反复思考，阻碍了适应性应对策略如(升华、宽恕等)机制的出现，使适应受阻。这种反复思考常带有强迫症状的性质。

(4)闪回与闯入性思维：经历严重的灾难性事件后，生活中常不由自主地闪回灾难的影子，就好像重新经历一样；或者是脑海中突然闯入一些灾难性痛苦情境或思维内容，挥之不去。

除了上述反应，某些认知反应也可以是心理防御机制的一部分，如否认、投射、潜抑、转换等，还有某些重大应激后可出现选择性遗忘。

3. 行为性应激反应

当个体经历应激源刺激后，常自觉或不自觉在行为上发生改变，以摆脱烦恼，减轻内在不安，恢复与环境的稳定性。积极的行为性应激可为个体减少压力，甚至可以激发主体的能动性，激励个体克服困难，战胜挫折。而消极的行为性应激则会使个体出现回避、退缩等行为。

消极的行为性应激反应主要包括以下几种：

(1)逃避与回避：逃避指已经接触应激源后远离应激源的行为；回避指预先知道应激源会出现，而提前远离，这些都是为了远离应激源的行为。受难者为了摆脱情绪应激，排除自我烦恼，会极力逃避和回避灾难的相关事件等过强的心理应激源，表现为否认、选择性遗忘、远离灾难现场等。

(2)敌对与攻击：敌对指个体表现出来的不友好、憎恨等情绪；攻击指个体的行为举止对他人构成威胁和侵犯，其共同的心理基础是愤怒，有时甚至出现自伤及伤人行为(如争吵、冲动、伤人、毁物、自伤、自杀等)。攻击对象可以是人或物，可以针对他人，也可以针对自己。

(3)退化与依赖：退化是指无法承受挫折和应激反应带来的压力和冲击所表现的与自己年龄不相称的幼稚行为，以获得别人的同情和支持。多数个体有明显社会功能缺损，导致工作或学习、人际交往和社会活动方面的异常。退化常伴有依赖心理和行为，例如灾难事件中当个体丧失亲人时，受到严重的打击，基本生活难以自理，需要朋友、同事的安慰、照顾和帮助，或对物依赖，借助烟、酒、药物等麻痹自己，暂时摆脱烦恼和困境。

(4)无助和自怜：无助是一种无能为力、无所适从、听天由命、被动挨打的行为状态，通常是在经过反复应对不能奏效，对应激情境无法控制时产生，其心理基础包含一定的抑郁成分。无助使人不能主动摆脱不利的情境，从而对个体造成伤害性影响。自怜即自己可怜自己，对自己怜悯惋惜，其心理基础包含对自身的焦虑和愤怒等成分。多见于性格孤僻、孤芳自赏、独居、对外界环境缺乏兴趣者。

(5)过激行为和受暗示性：过激行为指个体对应激源过于敏感，反应强烈、情绪极度亢奋、行为举止夸张，警觉性增高，对刺激敏感，易激怒，易哭泣或表情茫然，过度焦虑或激情发作、号啕大哭，或焦虑不安、慌张恐惧，亦可出现悲观抑郁或欣喜若狂。受暗示性指个体在应激过程中盲目相信别人，言行举止容易受他人的指使和控制。

(6)物质滥用：某些人在心理冲突或应激情况下会以习惯性地饮酒、吸烟或服用某些药物的行为方式来转换自己对应激的行为反应方式，以达到暂时摆脱自我烦恼和困境的目的。

### (五)灾害事故后特殊人群心理应激的特点

灾害发生后，受灾害事故具体情况和个体的体质、心理素质、个性特征、应对能力、社会支持程度等因素影响，不同人群如直接当事人、遇难者家属、伤者家属的心理应激反应与受伤害的程度有所不同。

1. 直接当事人的心理应激特点

直接当事人因亲身灾难事故，受到的影响和冲击往往是巨大的。由于灾难不可预期，当事人在初期常常感到惊慌失措、无所适从，会出现一系列的心理和生理反应。

(1)心理反应：包括恐惧、害怕、无助感、绝望感，处于焦虑、烦躁、紧张不安、无法放松的状态，易激惹，过分敏感和警觉，情绪低落。

(2)生理反应：灾害事故当事人可出现不同程度的生理反应，如恶心、呕吐、食欲减退、呼吸困难、胸闷气短、心慌、头晕、血压升高，还可出现头痛、失眠、肌肉紧张、疲乏无力甚至虚弱状态等。

当事人上述的心理生理反应程度和持续时间可随着灾难对个体威胁的程度和持续时间而发生变化。当个体远离灾害事故现场、生命安全得到保证、躯体和心理伤害得到积极救治时，其心理生理反应就会逐渐减轻；反之，进一步发展，就会出现较为严重的应激障碍。

2. 遇难者家属的心理应激特点

一般来说，当获悉在灾难事故中失去亲人时，遇难者家属开始常常持否定的态度，不相信发生的事实，当事实得到确认时，就会出现强烈的心理反应，沉浸在失去亲人的痛苦之中，主要表现在以下几方面：

(1)悲恸：表现为悲痛欲绝，悲伤痛哭或痛苦不堪。

(2)居丧障碍：遇难者家属感到丧失不可承受，沉浸在失去亲人的痛苦之中，因为过度悲恸，不仅引起了身体的不适，还导致心理的障碍。居丧障碍往往伴随类似抑郁症的症状。

(3)抑郁症：若在丧失亲人 2 个月后，上述症状继续存在，就会表现出抑郁症的全部症状，还会出现犯罪、绝望甚至自杀观念或自杀行为。

当然，个体心理应激的程度与遇难者在家庭中的角色有关，一般直系亲属如配偶、父母、子女等反应较大，其次是兄弟姐妹，其余亲属的反应相对较小。

3. 伤者家属的心理应激特点

伤者家属的心理应激反应主要与受伤者的伤残程度密切相关。伤患者家属由于亲人突然受伤，面对出血、疼痛和暴露的伤口，常常担忧不已、焦虑和无助、感觉负担加重等，求治心理非常迫切，主要表现为易激惹、急躁、缺乏耐心、攻击性强。当对救援不理解时，还会出现不满的情绪，甚至表现出不理智的言语和行为，干扰救援行动。

4. 儿童的心理应激特点

由于儿童的自我保护能力和自我调节能力较差，所以在遇到突发的灾难或事故时，常常处于麻木无助、茫然不知所措的状态。在事件发生数小时后，开始出现恐惧、喊叫、痛哭等反应，应激源的情景在脑海中反复出现，伴有怕见人、做噩梦、梦中惊醒等表现，若在短时间内不能缓解，随着时间的延长，逐渐会出现不同类型的应激相关障碍。若不能得到及时救治和干预，则对其今后的人格发展、认知方式和行为方式都会产生严重的影响。

## 二、灾害事故的心理危机干预

### (一)心理危机干预的概念

个体在遭遇突然或重大的应激事件(如地震、水灾、空难、疾病暴发、恐怖袭击、战争等)时，有可能导致内心的失衡，引发心理危机。危机如不能及时缓解或解决不当，则会导致情感、认知和行为方面的功能失调，甚至可能导致个体精神崩溃或自杀。心理危机干预就是对处在心理危机状态下的个人采取明确有效的措施，使之最终战胜危机，重新适应生活。

### (二)心理危机干预的目的

一般来说，心理危机干预有以下三个层次的目标：

最低目标：缓解当事人的心理压力，防止过激行为，如自杀、自伤或攻击行为等。最低目标的核心是劝阻。

中级目标：帮助当事人恢复以往的社会适应能力，使其重新面对自己的困境，采取积极而有建设性的对策。中级目标的核心是恢复。

最高目标：帮助当事人把危机转化为一次成长的体验并提高当事人解决问题的能力。最高目标的核心是发展。

### (三)心理危机干预的原则

(1)针对性原则：强调以目前的问题为主，立即采取针对性的干预措施。一般来说，陷入心理危机的人常认为自己不能面对困难或处理问题是一种软弱无能的表现，他们经常把痛苦埋在心底，情绪不佳和心情不畅。作为心理危机干预者，必须能及时地引导他们接受帮助，迅速确定要干预的问题。在确定要干预的问题后，要迅速针对干预问题给出合理的心理干预方案。危机发生后，如果没有及时地对问题进行处理，后续心理变化和环境影响可能会使需要干预的问题变得复杂、多变。

(2)支持性原则

处在危机之中的人比平时更需要支持。不仅需要当下的直接的支持，而且应当努力寻求更多来自家庭、单位、社区的支持。必须让当事人感觉到不管何时，只要他需要，都会获得必要的支持。因此，在心理干预过程中，最好有其家人或朋友共同参加。另外，还要鼓励当事人自信，不要让其产生依赖心理。

(3)行动性原则：帮助当事人有所作为地对待危机事件。面临心理危机的人在应付危机的过程中常常会表现出逃避、矛盾和困难，或者应付措施不当。危机干预工作者要积极地给予支持，给当事人提供建设性的建议，明确应该做些什么，怎样采取合适的、行之有效的应对行为。但是要注意，在心理危机干预的过程中，须避免怂恿当事人责备他人。

(4)正常性原则：心理危机干预是借用简单的心理治疗手段，帮助当事人分析事件的性质及其在事件之中扮演的角色；指出当事人的当前目标、生活风格和思想观念的不合理性；以及面对事件所采取的错误的自我防御机制。也就是说，干预者应将心理危机作为心理问题处理，而不是作为心理疾病进行处理。

(5)完整性原则：心理危机干预活动一旦进行，应该采取措施确保干预活动完整开展，避免再次产生创伤。此外，还需保持心理危机干预评估的完整性。每次干预活动完成后，都要对干预过程及效果进行评估，以确保干预的科学有效性，并为接下来的干预提供参考借鉴。

(6)保密性原则：严格保护当事人的个人隐私，不随便向第三者透露当事人个人信息。除这一原则外，在进行心理危机干预的过程中还要从伦理的层面考虑尊重生命与人的原则、当事人自愿选择的原则、对当事人无伤害原则、让当事人受益的原则。

### (四)心理危机干预的对象和形式

1)心理危机干预的对象

(1)一级受害者：第一现场亲身经历了灾难事件者。

(2)次级受害者：有亲属在灾难中遭受伤亡者。

(3)三级受害者：参与营救与救护的人员，主要有医生、护士、精神卫生人员、消防人员、警察、志愿人员等。

2)心理干预的基本形式

(1)面对面的帮助：专业人员与受影响人群直接面对面进行会晤的一种心理干预方式。这种方式的优点是能相对快速、详细、全面、准确地了解受影响人群的状况，从而及时、有针对性地对受影响人群实施解释、疏导及具体干预。

(2)电话心理援助：受突发事故影响的人群，如出现各种不良心理反应或处于情绪障碍，可以通过电话向专业人员求援。这种方式具有快速、方便、匿名和避免依赖等优点；但电话心理援助也有交流信息受限等不足。

(3)个别心理辅导：主要通过沟通、支持等各种心理咨询理论与方法的应用来解决问题。

(4)集体辅导：在集体情境下，可以促使个体在交往中通过观察、学习和体验，认识、探讨和接纳自我，调整改善与他人的关系，学习新的态度与行为方式，以发展良好的适应能力。在突发事故危机中，许多人都有紧张、恐惧和担忧的情绪，通过集体心理辅导，可使个体学习接纳自己的情绪，观察别人的反应和探讨自己的反应，从而获得应付危机的方法。

### (五)心理干预工作者的基本素质及特征

心理危机干预过程复杂、情况多变，从事心理危机干预的人员需要具备专业的素质和特征要求。

1. 专业素质

心理危机干预工作者需要具备专业的素质，其中，基础知识、专业技能和危机培训经历是最基本的职业要求。

(1)基础知识：心理危机干预是一门科学，仅靠一般常识和热情的劝说，对处于危机困境中的当事人没有实质性帮助，反而可能会引起他们的反感、阻抗，甚至造成再次伤害。心理危机干预工作者应具有心理学相关专业的理论知识，能有针对性地协助当事人分析问题，了解矛盾和冲突的根源，同时具备广泛的社会知识和丰富的人生经历，能结合专业知识引导当事人认识到真正困扰他们的原因，从而帮助其走出困境并促进其健康成长。

(2)专业技能：心理危机干预工作者需接受专业技能训练，掌握心理诊断、心理测验、心理咨询与治疗的操作技能，将咨询技巧与理论知识相结合，并熟练地应用于实践。

心理危机干预工作者能够使用共情等技术表达对当事人境况的理解，并做出适度回应，能够把握谈话的内容，了解当事人的困境和心理发展变化；能够控制谈话的方向，适时机敏地提出问题，引导当事人认识内心深处的症结；能够使用适当的方法矫正当事人某些不良行为。

(3)危机培训经历：心理危机干预工作不仅要具备足够的专业知识和技能，还要进行专门的心理危机干预培训，进而了解危机心理的特殊性，理解不同的危机事件类型受灾人群的反应，熟悉干预策略，以防出现不恰当的干预。心理危机干预培训工作使得心理危机干预工作者帮助危机当事人解决问题更加专业、有效。

2. 其他素质及特征

(1)热爱心理危机干预工作，具有挑战精神。心理危机干预工作者需要面对许多突发状况，每一次危机干预都是一次巨大的挑战。心理危机干预工作者应正确和充分理解危机干预工作的价值和意义，对危机干预技术保持开放的心态，不故步自封，对工作充满热情、勇于承担，能够从工作中获得成就体验。

(2)尊重和关爱干预对象，具有良好的服务意识。尊重当事人的人格，以平等的态度对待干预对象，不因当事人的背景、价值观念、道德品质和行为而对他们形成负面判断，与当事人建立良好的咨询关系，一视同仁，给予当事人以同样的尊重、关心和理解。同时，关注当事人的问题，真诚地接纳、倾听，引导当事人说出自己的感受和经验，并运用语言或行动为他们解疑释惑，减少他们对当前状况和未来的不确定感。

(3)具有高尚的职业道德和奉献精神。心理危机工作者应全身心地投入工作，不通过干预活动获取私利或借机开展其他工作；恪守职业道德，掌握心理咨询的界限，提防共情过度，保持与当事人客观的咨询关系；了解自己专业技能的局限性，尽最大可能帮助当事人恢复社会心理功能，并促进其心理成长。

(4)团结协作，具有良好的合作精神。心理危机干预工作不能单独进行，要与救灾、公共卫生等其他工作协调，不同部门合作畅通是应急管理成功的重要保障。同时，心理危机干预工作者应该尊重和团结队友，通过合作实现团队工作目标，从团体中获得情感和技术支持。

(5)坚持当事人受益的原则。心理危机干预要发扬人道主义精神，将当事人的利益放在首位。心理危机干预涉及当事人敏感性问题时，应权衡利益与伤害的关系，尊重当事人的意愿，在恰当的时机以恰当的方式介入心理危机干预工作。同时，心理危机干预工作者应制作便利携带的工作卡，明确工作禁忌和特殊问题的处理方式，以保证当事人的利益不受损害。

(6)尊重隐私，注意保密。心理危机干预工作者应遵守国家法律法规，遵守医德规范，严格保护当事人的个人隐私，不能在没有当事人同意的情况下随便向媒体、非心理工作人员透露当事人的个人情况。但若当事人已经实施重大犯罪行为或可能发生威胁他人或自身生命安全的情况，心理危机干预工作者应做出判断，及时向有关部门反映相关情况。

### (六)心理危机的干预模式

经典危机干预模式是由贝尔金提出的平衡模式、认知模式和心理社会转变模式组成，这三种模式为许多不同的危机干预策略和方法提供了基础。

(1)平衡模式：认为危机状态下的当事人通常都处于一种心理情绪失衡状态，在这种状态下，他们原有的应对机制和解决问题的方法不能满足他们当前的需要。因此，危机干预的工作重点应该放在稳定当事者的情绪，帮助他们重新获得危机前的平衡状态。这种模式最适合用于处理危机的早期干预。

(2)认知模式：认为危机导致心理伤害的主要原因在于，当事人对危机事件和围绕事件的相关境遇进行了错误评价，而不在于事件本身或与事件有关的事实。该模式要求干预者帮助当事人认识到存在于自己认知中的非理性和自我否定成分，重新获得思维中的理性和自我肯定的成分，从而使当事者能够实现对生活危机的控制。认知模式较适合于那些心理危机状态趋于稳定并逐渐接近危机前心理平衡状态的当事人。

(3)心理社会转变模式：认为分析当事人的危机状态，应该从个体内部和外部因素两个方面着手，除了考虑当事人的心理资源和应对能力外，还要了解当事人的同伴、家庭、职业、社区对当事人的影响。危机干预的目的在于将个体内部适当的应付方式，与社会支持和环境资源充分地结合起来，从而使当事者能够有更多问题解决方式的选择机会。

在以上三种模式中，平衡模式是最广为人知的，它将平衡定义为一种稳定的情绪状态，是可控的、灵活的；而失衡则是一种不稳定的、失控的和无能为力的状态，干预重点在于帮助当事人重获危机前的平衡状态。认知模式将危机理解为当事人对危机情境的错误思维的结果，重点放在对非理性信念的纠正方面。心理社会转变模式认为心理、社会或环境的因素都有可能引起危机，所以从心理、社会、环境三个方面来寻求危机干预的策略。

### (七)心理危机干预的技能

在从事突发事故心理危机干预工作中，心理危机干预工作者需要娴熟的技术，以完成各项任务。心理危机干预的技能主要包括关注、倾听、评估等。

(1)关注：这是干预人员在面对当事人时首先要使用的技能。①微观层次：通过目光接触、上身前倾、正面相对等基本的微观技能，表达出干预人员与当事人同在，对其表示接纳与理解；②躯体语言层次：善于察觉自己的非言语交流方式，尽量以恰当的躯体语言表现出自然自如、轻松自在的会谈方式，让当事人充分放松，畅所欲言；③人际情感层次：真诚关注当事人，让当事人明确无误地感觉到，干预人员的确是在全心全力、设身处地给予帮助。

(2)倾听：准确和良好的倾听技术是心理危机干预工作者必须具备的能力。有时，仅仅倾听就可以有效地帮助当事人。有效倾听主要做到以下四点：①全部精力集中于当事人；②领会当事人言语和非言语的交流内容(有时当事人未讲的东西比讲出更重要)；③捕捉到当事人准备与别人特别是心理危机干预人员进行情感接触的状态；④通过言语和非言语的行为表现方式，建立信任关系，使得当事人相信危机干预的过程。心理危机干预工作者可以通过澄清、释义、情感反映和归纳总结这四项倾听技术，加深对当事人的了解与认识。

(3)评估：灾害事故发生后，当事人的一般情况和生理、心理、社会功能状况都会发生变化，对这种状况进行系统评估，是心理干预的重要步骤，只有对当事人的情况进行全面了解后，才能有的放矢地进行心理干预。一般从以下几个方面进行评估：

①全面了解当事人的一般情况；②评估当事人的生理状况；③评估当事人的心理伤害程度；④评估当事人的社会功能状况；⑤自杀危险度的评估。

### (八)心理危机干预的步骤

心理危机干预工作者一般以心理危机干预六步法来进行干预，分别为：确定问题、保证当事人安全、给予支持、提出应对方式、制订具体计划和获得承诺。

1. 确定问题

危机干预的第一步，是要从当事人的角度确定和理解当事人所面临的问题是什么。危机干预工作者必须以与危机当事人同样的方式来感知或理解危机情境，建议在危机干预的起步阶段，干预工作者采用倾听技术，了解当事人的危机是什么。利用共情、真诚、接纳或积极关注等技术，必将极大地提高危机干预第一阶段的工作能力。

对当事人进行全面了解后，要分清哪些是在灾害事故中出现的心理危机问题，哪些是在灾害事故之前就已经存在的问题。前者是主要问题，后者是次要问题，有效的心理干预应该抓住主要问题加以解决，以免迷失方向。

2. 保证当事人安全

安全感对处于心理危机之中的个体来说是最核心的需要。在心理危机干预过程中，心理危机干预工作者应将保证当事人安全作为首要目标。心理危机干预工作者所采取的方式、做出的选择和应用的策略必须反映出时时都考虑到当事人和相关的其他人的身心安全。

(1)帮助离开危机情境：保证安全意味着首先要保证当事人能够相对安全地脱离外界危险，如地震幸存者应离开危险的建筑，避免再次受到伤害。

(2)提供和保持稳定：稳定在危机干预中对当事人来说是至关重要的一个环节，包括保持当事人生命稳定和情绪稳定两个方面。对灾难事故中经历创伤的人，保障生命安全、提供实际的帮助、妥善安排食宿等措施有助于保持当事人生命稳定状态。针对有精神病性障碍急性症状、高自杀风险、严重焦虑或抑郁的人，在心理干预之前，可能需要一些其他的干预措施包括恰当使用药物等保持当事人的情绪稳定。

(3)提供信息：及时提供关于当事人生命安全、危机事件以及如何正确应对应激反应等的信息。以地震幸存者为例，干预者应主动提供地震灾害的信息、抗震救灾的进展情况、未来可能出现的危险、当事人亲属的下落，以及有关当事人躯体治疗等信息，可缓解当事人因认知缺乏和信息不足造成的极度不安全感。

(4)评估危险：对当事人的内部事件及围绕当事人的情境进行评估，如当事人躯体和心理安全的威胁程度、当事人失去能动性的可能性和严重性等。评估的同时，要保证当事人知道代替冲动或自我毁灭性行动的解决方法。

3. 给予支持

心理危机干预第三步是强调与当事人沟通与交流，使当事人知道危机干预者是能够给予其关心帮助的人。无论当事人态度如何，心理危机干预工作者必须尊重、无条件积极关注并接纳当事人。可采用倾听、提供具体支持等方法尽可能地解决当事人当前面临的情绪危机，使当事人的情绪得以稳定。

4. 提出应对方式

多数情况下，当事人处于思维不灵活的状态，不能恰当地判断什么是最佳的或者更适宜的选择，有些处于心理危机中的当事人甚至认为无路可走了。心理危机干预工作者应引导当事人认识到，有许多变通的应对方式可供选择。可供选择的应对方案可以从以下三个角度来寻找：

(1)环境支持：这是提供帮助的最佳资源，当事人知道有哪些人现在或过去能关心自己，目的是帮助幸存者与主要的支持者或其他的支持来源(包括家庭成员、朋友、社区的帮助资源等)建立短暂或长期的联系。

(2)建立积极的应对机制：当事人采取可以用来战胜目前危机的行动、行为或措施。

(3)建立积极的、建设性的思维方式：当事人重新思考或审视危机情境及其问题时，或许会改变当事人对问题的看法，并减缓他的压力和焦虑程度。

心理干预工作者要充满耐心地与当事人一起探讨更多的解决问题的方式和途径，充分利用社会支持系统和环境资源，采用各种积极应对方式，以适当的方式处理当前问题的方式。

5. 制订具体计划

心理危机干预时，要针对当时的具体问题以及当事人的功能水平和心理需要来制订干预计划，同时还要考虑到当事人文化背景、社会生活习惯以及家庭环境等因素，要让当事人感到这是为他制订的计划，让当事人感到心理危机干预工作者没有剥夺他们的权利、独立性和自尊。一般来说，危机干预的计划应该满足以下两点：确定有其他的个人、组织团体或相关机构等能够提供及时的支持；提供应对机制，即当事人能够掌握并理解的具体而确定的行动步骤。

6. 获得承诺

如果制订计划完成得比较好，则获得当事人对计划的承诺也就较为顺利。通常情况下，获得承诺比较简单，只是要求当事人复述一下计划即可，其目的是让当事人承诺，一定会采取具体、积极、有意设计的行动步骤，从而使他恢复到危机前的平衡状态。在结束一个干预疗程之前，应该从当事人做获得诚实的、直接的、恰当的承诺保证。在随后的干预疗程中，危机工作者要跟踪当事人的进展，并对当事人做必要而恰当的反馈报告。

在心理危机干预的上述六个步骤中，前三个步骤主要是倾听活动，而不是实际的干预行动；后三个步骤主要是危机干预工作者实际采取的行动。另外，值得注意的是，危机干预工作者应该将检查评估贯穿于整个干预过程中，并且心理危机干预工作者要与当事人建立相互信任的良好关系，让双方形成治疗同盟，这是保证危机干预成功的基础。

# 模块三　正常人体解剖生理概要

◎ **知识目标：** 简述人体的基本组成和学习人体解剖生理的意义；概括人体各大系统的组成、功能和作用。

◎ **能力目标：** 能描述人体解剖生理的基本术语；能判断人体各大系统器官受伤的症状。

◎ **素质目标：** 树立科学的思维意识和以人为本的急救理念；培养实事求是的科学态度和不断探索的科学精神；培养自学、观察、综合判断、思维表达以及分析问题和解决问题的能力；具有不怕苦、不怕脏、勇于克服困难的精神；具有健康的体魄和良好的心理素质。

## 项目一　概　　述

### 一、人体的组成

人体由细胞、组织、器官、系统四个层级组成(图 3-1)。细胞是机体形态结构与功能的基本单位；组织是由细胞和细胞间质组成的躯体结构，是构成机体器官的基本成分，人体分为四大组织：上皮组织、结缔组织、肌肉组织和神经组织；器官是几种不同类型的组织经发育分化并相互结合构成具有一定形态和功能的结构，比如常见的肺、心脏、胃、肝等，还有一些容易被忽略不认为是器官的骨骼肌、皮肤等；系统是由一些结构连续、功能相关的器官组合而成，完成连续的生命活动，人体按照功能可以分为八大系统：运动系统、神经系统、内分泌系统、循环系统、呼吸系统、消化系统、泌尿系统、生殖系统。人体器官和系统虽然各有特定的功能，但是它们在神经系统和体液的调节下，互相联系，紧密配合构成了一个完整、统一的整体。

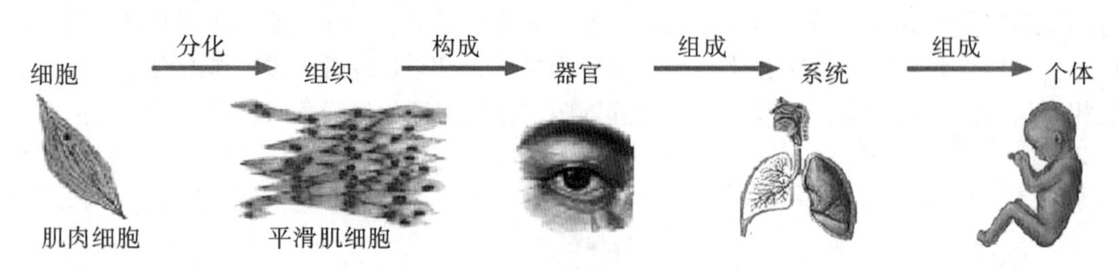


图 3-1　人体四个层级

## 二、解剖学的基本术语

学习解剖前，首先应该了解下列对人体形态结构和人体运动描述的基本术语。

上：靠近头部为上；

下：靠近足部为下；

前：靠近腹面为前；

后：靠近背面为后；

浅：靠近体表或器官表面为浅；

深：远离体表或器官表面为深；

内侧：靠近身体正中面为内侧；

外侧：远离身体正中面为外侧；

近端：四肢的近躯干端；

远端：四肢的远躯干端。

人体基本面：按照人体解剖学方法，可将人体作三个互相垂直的切面：矢状面、额状面、水平面，也称为基本面(图 3-2)。

矢状面：沿身体前后径所做的与地面垂直的切面，其中通过正中线的切面称为正中面；

额状面：沿身体左右径所做的与地面垂直的切面，也称为冠状面；

水平面：横断身体，与地面平行的切面，也称为横切面。

人体基本轴：按照解剖学方位，有三个互相垂直的基本轴，各关节和环节的运动都是围绕这些轴进行的(图 3-2)。

额状轴：贯穿身体，垂直通过矢状面的轴，又叫冠状轴；

矢状轴：前后贯穿身体，垂直通过额状面的轴；

垂直轴：纵贯身体，垂直通过水平面的轴。

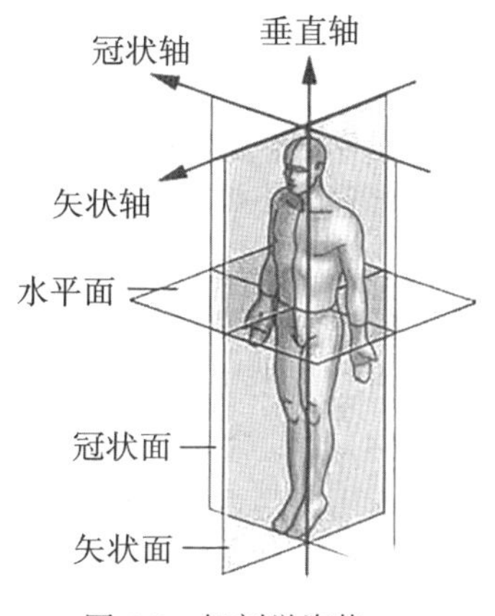


图 3-2 解剖学姿势

## 三、学习人体解剖生理的意义

(1)人体解剖学是研究人体正常形态结构的科学，其任务在于理解和掌握人体各器官的形态结构、位置和毗邻关系，通过对人体解剖生理的学习，了解正常人体的分部，重要器官所在部位，骨骼、呼吸、循环、神经器官及其功能，掌握正常人体生命体征，如呼吸、心跳、脉搏、神志的表现。

(2)现场事故急救需要快速判断伤员的呼吸、神志与受伤部位，快速确定伤员的基本生命特征。最大限度降低伤员死亡率和伤残率，提高患者伤愈后的生存质量。

(3)学习解剖生理可以帮助我们更好地了解自己的身体，判断自己的健康状态，并有效地处理疾病发生时的健康问题；还可以更清楚地了解人体各种结构和功能，更好地掌握和控制自己的生理状态；更加全面地了解身体不同结构和功能，为学习现场急救的相关操作提供一定的知识与技能。

# 项目二 人体各大系统介绍

## 一、运动系统

人体的骨骼由骨、软骨和骨连结组成，骨骼构成人体的支架，它不仅承载体重，保护人体的重要脏器，还可以在骨骼肌的作用下完成坐、站、行走、奔跑和跳跃等运动。所以在医学上通常将骨、骨连接和骨骼肌合称为人体的运动系统，在人体进行运动时，骨是运动的杠杆，骨连接是运动的枢纽，骨骼肌是运动的动力器官。

### (一)骨

骨主要由骨组织构成，具有一定的硬度和脆性，还具有一定的弹性和韧性，活体中的骨在不断地进行新陈代谢、生长发育和退化衰老等生理过程，骨可以进行再生和修复。骨的主要功能包括：

(1)支持与保护。骨为骨骼肌、内脏和软组织提供附着点，为人体提供支持。同时，骨还参与形成颅腔、胸腔、眶、腹盆腔等，保护脑、眼、内脏等。

(2)运动。骨骼肌附着于骨，骨骼肌收缩使骨的位置发生变化而产生各种运动。

(3)血细胞的生成。骨内部含有骨髓，骨髓内的造血干细胞不断分裂增殖，产生各种血细胞。

(4)无机盐的储存。人体超过90%的钙盐都储存在骨组织里。$Ca^{2+}$对骨骼肌的收缩有重要作用，当血液中的$Ca^{2+}$浓度过低，骨组织内的$Ca^{2+}$会释放入血，维持血钙的正常水平，所以骨也被称为人体的“钙库”。

1. 骨的分类

人体全身一共有206块骨，根据在人体的部位可以分为中轴骨(颅骨和躯干骨)和附肢骨(上、下肢骨)两部分，颅骨又可以分为面颅骨、脑颅骨、舌骨和听小骨。躯干骨又可以分为椎骨、肋骨和胸骨(图3-3)。四肢骨分为上肢骨和下肢骨。按照形态可以分为长骨、短骨、扁骨和不规则骨四类(图3-4)。

(1)长骨：凡是具有一体、两端和管状结构的骨，都称为长骨。长骨两端比较膨大，被称为股骺。

(2)短骨：呈立方体，有多个关节面且运动形式复杂，与相邻骨构成多个骨连接。比如腕部、踝部。

(3)扁骨：呈扁平状，主要参与构成腔壁，起保护作用；拥有宽阔的骨面积供肌肉附着，对肢体运动起重要作用。

(4)不规则骨：形态不规则。

除了常见的四种骨以外，人体中还含有其他特殊的含气骨和籽骨。含气骨内有含气的空腔，如上颌骨、额骨等。这些含气腔在发音时能起共鸣作用，并可减轻颅骨的重量；籽骨是人正常生长的东西，是受压比较大的肌腱处骨化形成的一种内生小骨，主要是用来强化肌腱，避免在运动和重体力劳动过程中出现肌腱的磨损。

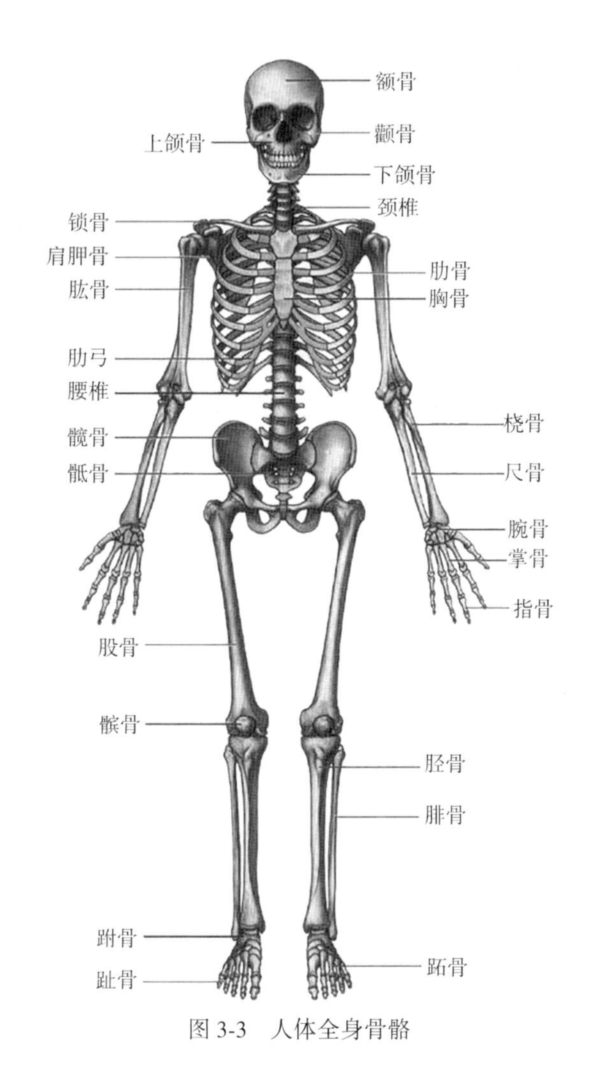


图 3-3　人体全身骨骼

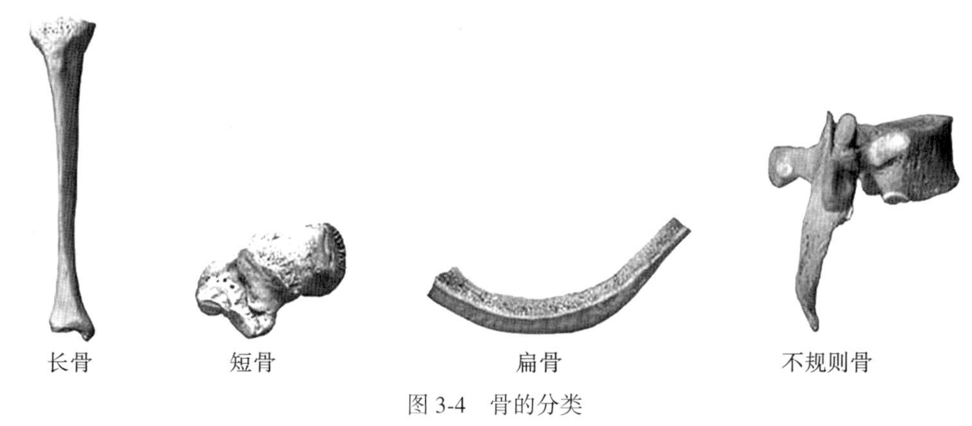


图 3-4　骨的分类

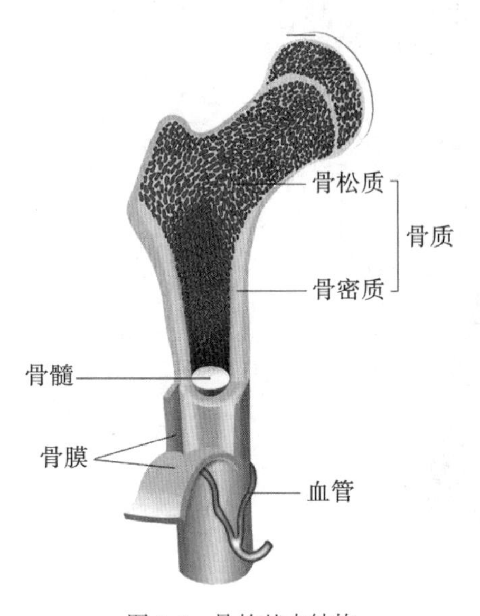


图 3-5　骨的基本结构

2. 骨的基本构造和功能

骨主要由骨质、骨膜、骨髓构成。

(1)骨质：是骨的主要成分，分为骨密质和骨松质。骨密质位于骨的浅层，抗压、抗扭曲力强。骨松质位于骨密质深层，由针状或片状骨小梁构成，骨小梁构成的网格状的间隙，中间充满骨髓(图 3-5)。

(2)骨膜：分为骨外膜和骨内膜。骨外膜含有丰富感觉神经末梢，骨折后会引起剧烈疼痛。骨外膜覆盖在骨表面(除关节面外)，含有丰富的血管、神经和造骨细胞，造骨细胞参与骨的形成；骨内膜覆盖在骨密质靠近骨髓腔的内表面并包裹骨小梁表面，含有成骨细胞和破骨细胞。在骨的生长发育期，成骨细胞不断产生新的骨组织，破骨细胞不断吸收旧的骨组织，骨的直径增粗；骨折后成骨细胞产生新的骨组织，使骨折端连接起来，破骨细胞对新形成的骨组织不断进行改建和重塑。

(3)骨髓：分布在骨髓腔和骨松质网内，分为红骨髓和黄骨髓。幼儿时期体内全是红骨髓，具有造血功能；成年后长骨骨髓腔内红骨髓被脂肪代替，无造血功能。当慢性失血或重度贫血时，黄骨髓可再次被红骨髓代替。长骨的骺、短骨、扁骨和不规则骨内终身都是红骨髓。

3. 骨的化学成分和物理特性

骨主要的化学成分是有机物和无机物。

有机物：骨胶原纤维和粘多糖蛋白质，使骨具有弹性、韧性和对抗拉伸的能力。

无机物：钙盐和磷酸盐等无机物，使骨具有硬度、脆性和对抗变形的能力。

人的一生中，骨的有机物和无机物相对含量在不断变化，所以不同年龄段的人骨的物理属性在不断变化。见表 3-1。

表 3-1　**不同年龄骨的特点**

| | 有机物 | 无机物 | 骨的特点 |
|---|---|---|---|
| 儿童 | >1/3 | <2/3 | 硬度差，韧性大，不易骨折易变形 |
| 成年 | 1/3 | 2/3 | 具有最大的坚固性 |
| 老人 | <1/3 | >2/3 | 脆性大，易骨折，不易愈合 |

4. 骨受伤表现

当骨骼出现损伤以后，最直接的表现为剧烈的疼痛。如果在局部出现严重的疼痛现象，或者按压的时候出现疼痛的症状，都有可能是骨骼受到损伤导致的。

在骨骼受到损伤以后，有可能会引起骨骼周围出现一些炎症和淤血的现象，从而容易导致受伤部位出现肿胀的情况。

骨骼主要是通过关节进行连接，从而能够达到支撑的效果，当骨骼受到折损后，会使局部出现严重的畸形现象。

在骨骼受伤以后，行动就会受阻，比如当胳膊部位骨折以后，胳膊是无法进行自由活动的。

## (二)骨连结

全身的骨通过各种方式连结起来，形成人体的骨性支架及相关腔，既可以保护人体的重要器官，又允许人体各部位进行运动。骨与骨之间以及骨与软骨之间的连结称为骨连结或关节。

骨连结可以分为：

(1)不动关节：韧带连结、软骨连结、骨性连结；

(2)半关节：骨与骨以软骨连接，软骨有裂缝状间隙，活动范围小；

(3)动关节：骨与骨的连接中有间隙，失去连续性，占大多数。

1. 关节的主要构造

关节面及关节软骨：凸的称为关节头，凹的称为关节窝；覆盖在关节面上起保护、缓冲作用的称为关节面软骨，运动前的准备活动可以使其增厚。

关节囊：分为内、外两层。外层：纤维层，局部增厚成韧带、连结两骨成关节；内层：滑膜层，分泌润滑液起润滑作用，形成辅助结构。

关节腔：由关节囊和关节面软骨围成的密封腔隙，内含少量润滑液。当关节发炎时，滑膜囊产生的润滑液增多，关节腔充满大量润滑液而肿胀(图 3-6)。

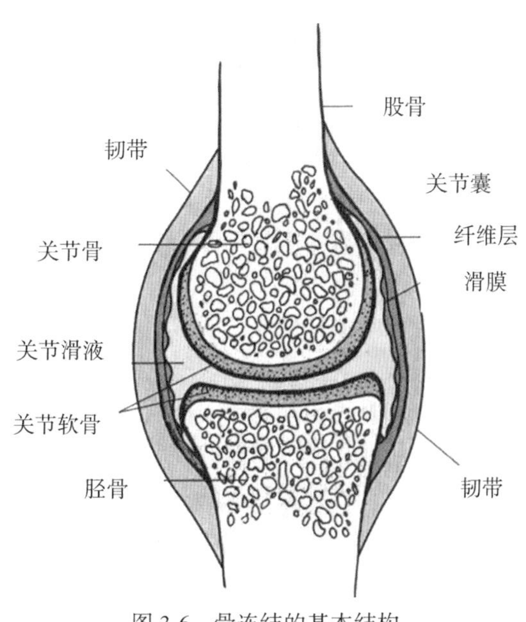


图 3-6　骨连结的基本结构

2. 辅助结构

滑膜囊：关节囊滑膜层向外突出的部分，位于肌腱与骨之间，主要作用是为了减少肌腱与骨之间的摩擦，增强关节的稳定性，并限制关节过度运动。

滑膜壁：关节囊滑膜层向关节腔突起部分，起巩固和缓冲作用。

关节唇：附着于关节窝周围的纤维软骨环，可以加深关节窝，增加关节稳定性。

关节内软骨：分为关节盘和半月板，起缓冲和保护作用。

关节韧带：分布在关节内和关节周围，连结两骨和限制关节运动。

3. 关节运动

滑动：发生在平面关节，是连接的骨与骨之间在平面上的位移，滑动距离一般很小。

角度运动：构成关节的两端在轴线上运动，并产生一定的角度。通常有两种形式：屈伸运动和展收运动。屈伸运动是围绕关节冠状轴的运动，这种运动使得两骨端之间的夹角增加或者减少；展收运动是围绕关节矢状轴运动的内收或外展运动。

旋转：关节的某一骨绕垂直轴向内、向外做的旋转运动。

人体关节受伤主要与以下因素相关：构成关节的两关节面面积大小的差别，关节囊的厚度及松紧度，关节韧带的多少与强弱，关节周围的肌肉状况。

4. 骨连结受伤表现

(1)局部会出现明显的肿胀、疼痛，并且关节屈伸活动受限。

(2)有的病人可能会出现关节出现畸形，按压时有明显的骨擦音或者是骨擦感。

(3)有的病人会出现关节盂空虚，局部弹性固定。

(4)关节内可能有大量的积血。

(5)韧带或者是关节囊损伤了，失去对关节的保护，往往会引起关节不稳定，表现为经常性的关节扭伤。

### (三)骨骼肌

肌组织是人体的四大基本组织之一，骨骼肌受躯体运动神经的支配，可以随意志收缩与舒张。骨骼肌的形态多种多样，依据肌肉外形可以分为长肌、短肌、扁肌和轮匝肌四类(图 3-7)。长肌分布于四肢，收缩时可引起大幅度的运动；短肌分布于躯干深部，能持久收缩，并发挥巨大力量；扁肌分布于胸、腹壁，有保护内脏器官的作用；轮匝肌分布于孔裂周围，纤维呈环状，收缩时可使孔裂缩小关闭。

1. 骨骼肌的构造

结构上，骨骼肌由肌腹和肌腱两部分构成，肌腹是肌的肉质部分，主要由骨骼肌细胞组成，生理状态下保持一定的肌张力，当骨骼肌收缩时，肌腹缩短而导致整个肌的长度变短，牵引骨产生运动，所以，骨骼肌是运动的动力器官。肌腱位于骨骼肌两端，主要由胶原纤维构成，具有很大的抗张力强度，但骨骼肌收缩时，肌腱不能缩短。骨骼肌借肌腱附着于骨或软骨，骨骼肌强烈收缩时，肌腹会被拉伤；通常肌腱不会受损，但肌腱与骨的连接处会由于过度的牵拉而受损。

2. 骨骼肌的物理特性

(1)伸展性和弹性：骨骼肌受外力可以被拉长的特性称为伸展性。当外力解除时，被

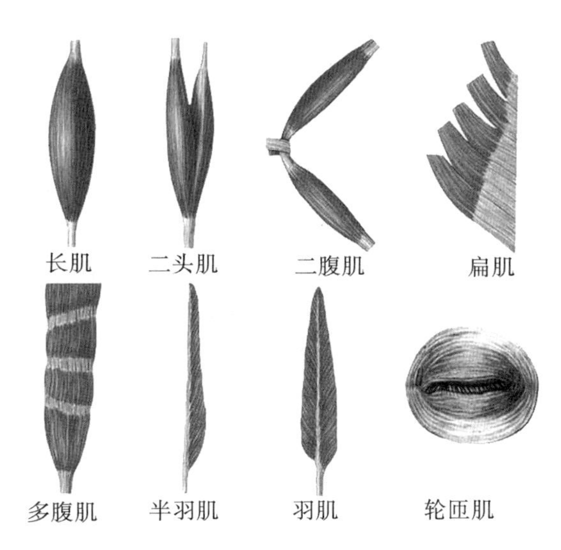


图 3-7　骨骼肌的分类

拉长的骨骼肌又会回缩，恢复到原来的长度，称为弹性。

(2)黏滞性：骨骼肌内部所含的胶状物在骨骼肌收缩时会产生阻力，称为骨骼肌的黏滞性。当人体的体温升高时，骨骼肌黏滞性下降；人体体温降低时，骨骼肌黏滞性升高。因此，运动前做好准备活动，可使人体体温升高，降低骨骼肌黏滞性，防止骨骼肌拉伤。

3. 骨骼肌受伤表现

骨骼肌的外力损伤：最主要是疼痛、局部肿胀，同时可能还会有功能的障碍，肌肉用不上力。但是肌肉疼痛、肿胀主要是在急性期，可能损伤之后 3~5 天疼痛、肿胀逐渐达到高峰，疼痛慢慢会下降，也有可能局部会越来越肿胀。一般来说疼痛和肿胀两者的程度是一起的，越肿时可能会越痛。

骨骼肌功能上的受伤：这部分肌肉在肿胀、疼痛、损伤时，肌肉的力量是发挥不出来的，会觉得使不上力，觉得肌肉没力。随着疼痛、肿胀消除，骨骼肌自我修复，无力的情况会慢慢恢复。

## 二、循环系统

循环系统是指分布于全身各处的连续封闭管道系统，主要包括心血管系统和淋巴系统。心血管系统内流淌的是血液。淋巴系统内流淌的是淋巴液，淋巴液沿着淋巴管道向心流动，最终汇入静脉，所以淋巴系统也被认为是静脉系统的辅助部分。

### (一)心血管系统

心血管系统主要由心脏、动脉、静脉和毛细血管组成。它的主要功能是物质运输，主要分为三类：①将身体从外界摄取的氧通过肺的毛细血管运送到身体各处，供给身体新陈代谢使用，同时将身体产生的二氧化碳运送到肺的毛细血管处，经呼吸排出身体；②将消化系统吸收的营养物质输送到身体各部，同时将身体代谢产生的废物以尿液、汗液排出身体，维持身体正常生长、发育，维持体内内环境稳定；③将身体内分泌器官产生的激素运送到激素的靶器官或靶细胞，协助内分泌系统完成对各种生理活动的调节。

1. 心脏

心是一个中空的肌性器官，位于胸腔内的两肺之间(图 3-8)，心脏的 2/3 在人体正中线左侧，1/3 在人体正中线右侧。

心脏位置不固定，可随人体的呼吸运动而上、下轻微移动。心脏的外形类似于倒置的圆锥，心尖朝左前下方，由左心室构成；心底朝右后上方，与出入心脏的大血管相连。心脏由心房和心室组成(图 3-9)，心脏心底处的冠状沟是心房和心室的分界线；在心室前、后有两条从冠状沟直达心尖的浅沟，是左、右心室的分界线。

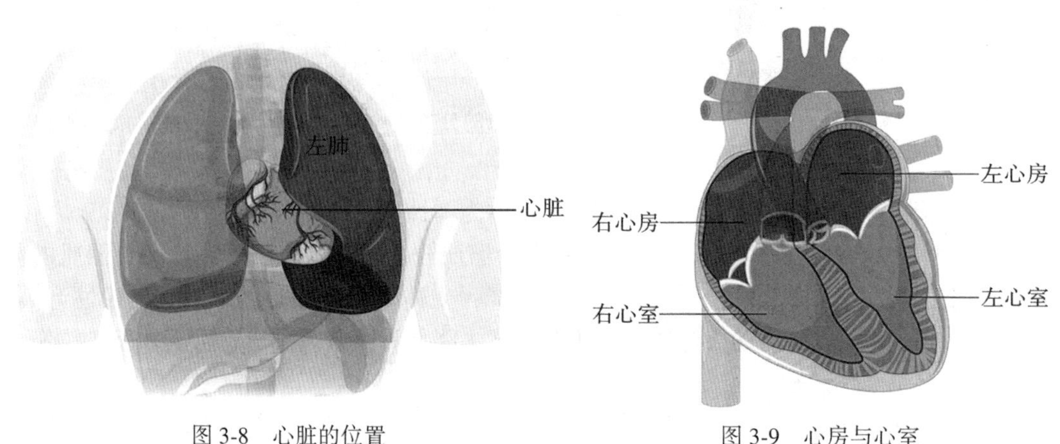


图 3-8　心脏的位置

图 3-9　心房与心室

1)心房与心室

右心房在心腔中靠右侧，有 3 个入口和 1 个出口。3 个入口分别是右心房后上方的上腔静脉口、后下方的下腔静脉口和下腔静脉口与右心室之间的冠状窦口；唯一的出口通向右心室，位于右心房前下方。

右心室位于右心房左前下方，外形似尖向下的锥形体，右心室的出口为肺动脉口，在肺动脉口的周围有 3 个半月形瓣膜，称为肺动脉瓣膜，可以防止肺动脉内的血液倒流回心脏。

左心房位于右心房的左后方，外形似立方体，有 2 个入口、1 个出口，2 个肺静脉入口位于左心房后壁两侧，1 个通向左心室的出口，位于前下方，称左房室口。

左心室位于右心室左后下方，有 1 个出口、1 个入口，入口为左房室口，出口为主动脉口，位于左房室口的右边。

2)心脏传导与供血

心脏正常的工作主要由心脏的传导系统完成，心脏的传导系统位于心壁内，由心肌细胞组成。心脏传导系统的主要功能是产生并传导神经冲动，使心脏按照正常的节律跳动，让心房肌和心室肌收缩协调。心脏传导系统主要包括三部分：窦房结、房室结和房室束。

窦房结的主要作用是产生冲动，并将冲动传导至房室结和心房肌，心房肌接受冲动后收缩。房室结的主要作用是接受窦房结传来的冲动，引起心室肌的收缩。房室束的主要作用是与心肌纤维相连，支配心肌纤维的收缩。

心脏内充满血液，但是心脏从心腔内血液获得的血液供给非常有限，所以心脏主要依靠心脏的冠状动脉进行供血。左冠状动脉主要负责营养左心房和左心室；右冠状动脉主要负责营养右心房和右心室。人体的心肌梗死主要是由于心脏的主要供血血管堵塞导致。

3）心包

心包对心脏具有保护和支撑作用，心包可以分为纤维性心包和浆膜心包（图 3-10）。纤维心包是心脏的最外层，由紧密的结缔组织构成；浆膜性心包有两层，脏层覆盖于新肌表面，壁层贴在纤维性心包内面，脏、壁两层中间含有少量浆液，起润滑作用，减少心脏搏动时的摩擦。

2. 血管

1）动脉

动脉是导血离心的血管，自心室发出后反复分支，最后与毛细血管相连，止于组织内的血管。它将血液由心脏运送至身体各处，由于内部压力较大，血流速度较快。多分布于躯体深部或躯体屈侧较隐蔽的地方。

2）静脉

静脉是从机体各个部位运送血液回心脏的血管，始于毛细血管，止于心房。静脉管径较粗，容血量多。体循环中 65%～70%的血含于静脉中（门脉系统、肝和脾贮存的血除外）。浅筋脉位于皮下，深静脉与动脉伴行，在人体四肢，一条动脉通常有两条静脉伴行。

3）血管侧支循环

人体动脉主干在行程中会分出细支，细支与主干平行，称为侧副支，正常情况下，人体的血流从主干走，经过侧副支的血流量很少。当主干受阻或不通时，侧副支血流量增多，管径变大，代替主干血流，使主干原区域得到足够多的供血而不致坏死（图 3-11）。

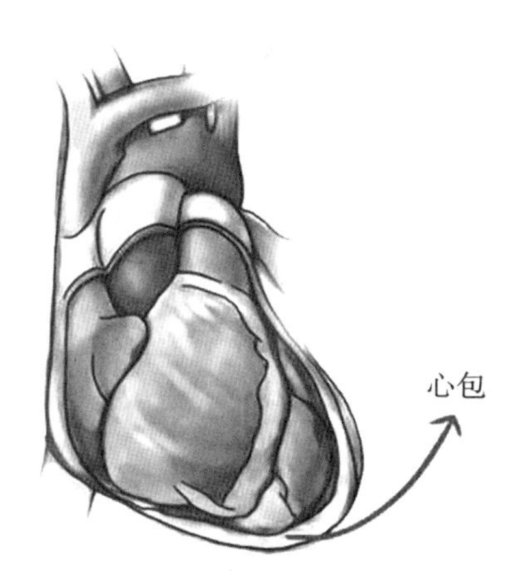


图 3-10　心包

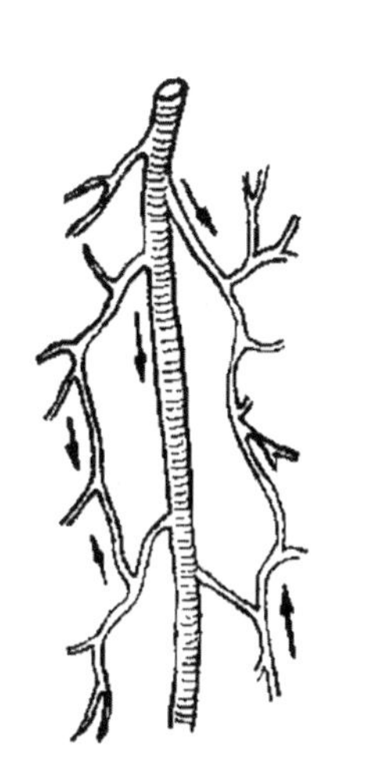

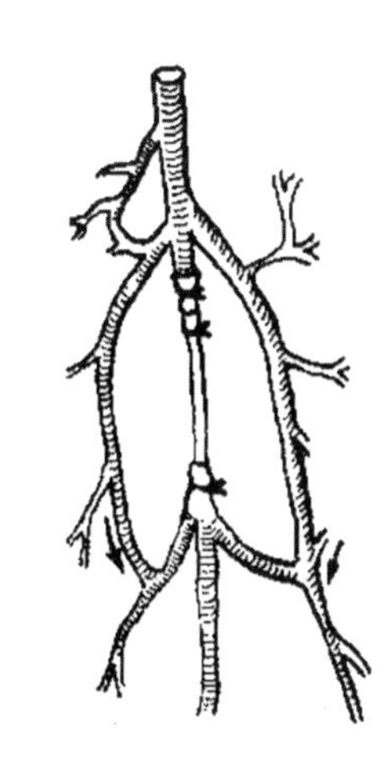

图 3-11　血管侧支循环

4）肺循环血管

肺循环血管主要包括肺静脉和肺动脉，是肺的功能血管，主要功能是协助机体与外界进行气体交换。

肺动脉短而粗，起于右心室，分为左、右肺动脉，从肺门进入肺，在肺内逐级分支，最后在肺泡壁形成稠密的毛细血管网，人体内二氧化碳与氧气在此交换。

肺静脉起源于肺泡壁毛细血管网，逐级汇合，最后形成左、右两条肺静脉，从肺门出，进入左心房(图 3-12)。

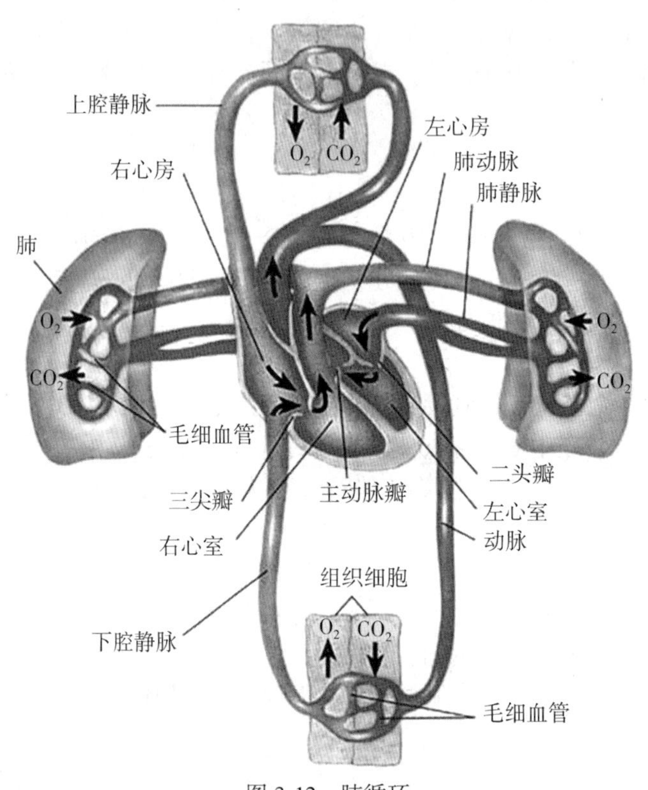


图 3-12　肺循环

5）体循环血管

体循环动脉：主动脉是体循环的动脉主干，从左心室发出，依据行程，可将躯干动脉分为主动脉升部、主动脉弓部和主动脉降部。主动脉降部又分为主动脉胸部和主动脉腹部(图 3-13)。

主动脉升部从左心室发出，起始端两侧发出左右冠状动脉，分布于心脏。

主动脉弓部延续主动脉升部，在主动脉弓的凸侧发出 3 条较大分支，分别是头臂干、左颈动脉和左锁骨下动脉。

主动脉胸部即胸主动脉，主动脉胸部发出壁支和脏支。壁支主要为肋间动脉，分布于胸壁、腹壁和脊髓等。脏支较细，主要有支气管动脉和食管动脉等。

主动脉腹部即腹主动脉，主动脉腹部发出壁支和脏支。壁支分布于膈、腹壁和脊髓等。脏支分布于腹腔内全部成对或不成对的器官，如肾动脉成对，腹腔动脉不成对。

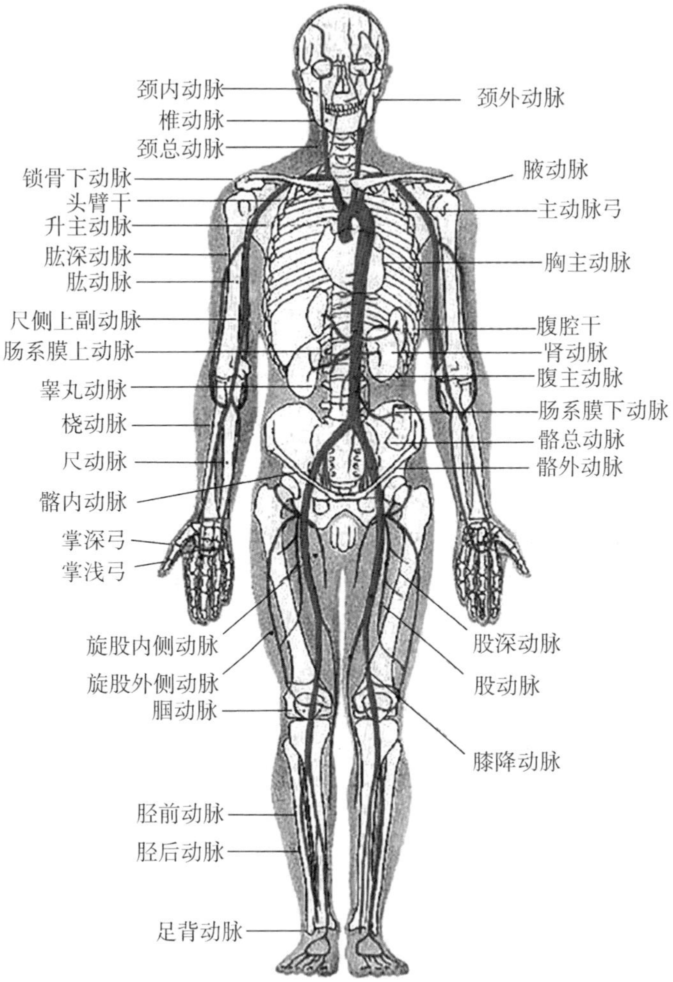

图 3-13　人体全身重要动脉

6)体循环静脉：主要包括上腔静脉系、下腔静脉系和心静脉系，3 部分静脉系最终汇聚于右心房。人体静脉全身分布图(图 3-14)。

上腔静脉系由头颈、上肢和胸部的静脉汇聚而成。

下腔静脉系由腹部、盆部和下肢的静脉汇合而成。

门静脉外形短而粗，由肠系膜上静脉和脾静脉汇合而成，经过肝门在肝内反复分支，最终汇入下腔静脉。门静脉主要收集胃、肠、胰、胆囊和脾的静脉血，门静脉的功能是将小肠吸收的营养物质送到肝脏进行合成、解毒和储存等，门静脉也称为肝的功能血管。

3. 心血管系统受伤表现

(1)伤者早期症状会有头晕、心悸等症状，随着病情的发展心血管系统对血液的输送出现异常，患者可表现为心肌缺血，出现心率加快、心慌、眼前发黑等症状。

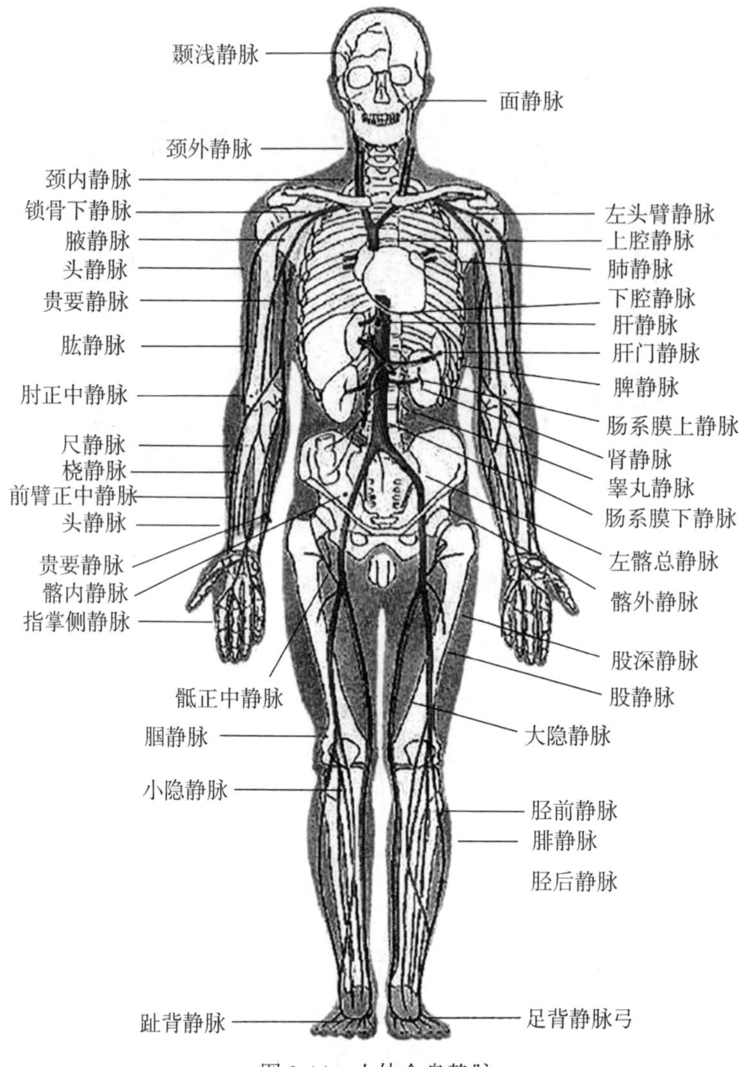


图 3-14　人体全身静脉

(2)心血管系统受损，心肌无法获得足够的血液时，患者可表现出胸闷、心前区疼痛等症状，通常在活动时加剧，休息后可逐渐缓解。

(3)心率加快，还可出现心慌、胸闷的症状，严重者还会出现头晕、恶心，甚至晕厥等现象。

(4)劳力性呼吸困难、乏力、心慌，严重者还会出现咯粉红样泡沫痰、肺水肿的症状，同时还有颈静脉血管充盈、怒张，以及呼吸困难、全身水肿、恶心、呕吐等。

### (二)淋巴系统

淋巴系统包括淋巴管、淋巴细胞和淋巴器官。淋巴系统主要有三项功能：①从组织间隙回流部分组织液至血液，维持人体组织内组织液平衡；②把大分子的脂肪和脂溶性维生素从胃肠道运输至血液；③帮助人体抵御外来致命细菌病毒，识别和灭杀体内癌变的肿瘤细胞。

1. 淋巴管

淋巴仅向心流动，因此淋巴管是单向运输系统。如果输送淋巴的淋巴管道被破坏或者堵塞，组织液就会滞留在组织间隙形成水肿。淋巴管根据管径和结构，可分为毛细淋巴管、淋巴管、淋巴干和淋巴导管(图 3-15)。

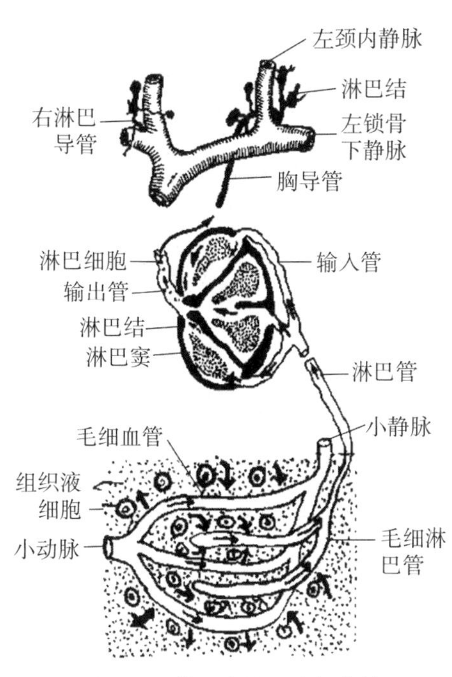


图 3-15　淋巴液的生成与传输

毛细淋巴管是淋巴管的起始部分，是管径最细的淋巴管，散布在人体大多数毛细血管之间，彼此相互吻合形成网。毛细血管管壁由单层扁平上皮细胞构成，通透性较好，所以组织液中的大分子物质，如蛋白质、细菌、癌细胞等，可以较容易进入毛细淋巴管。消化系统中的小肠绒毛内的毛细淋巴管可以吸收脂肪和脂溶性维生素，导致淋巴呈乳白色，乳白色的淋巴也被称为乳糜。

淋巴管由毛细淋巴管汇集而成，可分为深淋巴管和浅淋巴管。深淋巴管与动脉相伴，主要收集深筋膜和深层结构的淋巴；浅淋巴管位于皮下的筋膜内，与浅静脉相伴，主要收集皮肤和浅筋膜的淋巴。淋巴管与静脉的结构和功能相似，结构上，两者都具有瓣膜；功能上，两者都将组织液输送至心脏。

淋巴干由全身各处淋巴管经过相应的淋巴结后汇合而成，人体全身共有 9 条淋巴干(图 3-16)：

左、右颈干：收集头颈部淋巴；

左、右锁骨下干：收集上肢和部分胸壁淋巴；

左、右支气管纵隔干：收集胸部淋巴；

左、右腰干：收集下肢、盆部和部分腹腔器官的淋巴；

肠干：收集消化管淋巴。

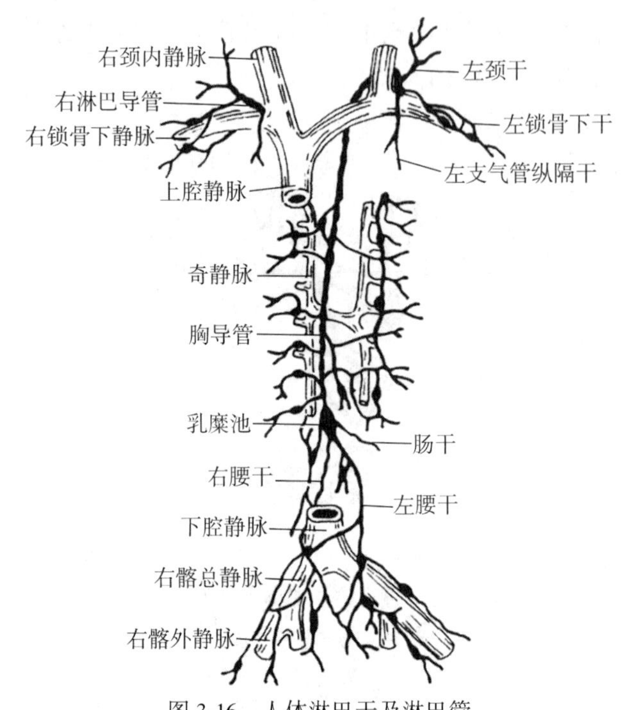


图 3-16　人体淋巴干及淋巴管

淋巴导管是由 9 条淋巴干汇合而成的两条大的淋巴导管，即右淋巴导管和胸导管。右淋巴管在右侧颈根部由右颈干、右锁骨下干和右支气管纵隔干汇合而成，右淋巴导管引流头、颈右半，右上肢和右侧胸部的淋巴。胸导管是全身最粗大的淋巴导管，由左、右腰干和单一的肠干汇合而成，胸导管引流头、颈和胸左干，左上肢，以及腹部、盆和双下肢的淋巴，大约全身 75%的淋巴。

2. 淋巴细胞

人体的免疫和防疫机制是通过淋巴细胞来进行的，淋巴细胞属于淋巴系统的主体。人体能产生多种多样的淋巴细胞，每一种淋巴细胞都在免疫和防御反应中起重要作用。

T 淋巴细胞是人体数量最多的淋巴细胞，占比超过 70%，T 淋巴细胞来源于人体骨髓中的干细胞，胚胎阶段一部分干细胞转移到人体胸腺中，在胸腺中逐渐成熟和分化。T 淋巴细胞的细胞膜上含有共同受体，通过共同受体能够特异性的识别并灭杀抗原。

B 淋巴细胞在骨髓中成熟，成熟的 B 淋巴细胞分布在人体淋巴结和淋巴组织中。B 淋巴细胞被抗原激活后会分裂增殖，大部分 B 淋巴细胞变为浆细胞，浆细胞合成和分泌抗原，少部分 B 淋巴细胞分化为记忆 B 淋巴细胞，这类细胞长期存在于人体，当相同的抗原再次入侵人体时，它们会更快速激活人体免疫反应。

3. 淋巴器官

人体的淋巴器官主要包括脾、胸腺、淋巴结和扁桃体。

脾位于左季肋区，与第 9 至第 11 肋骨相对，略呈椭圆形(图 3-17)，脾脏表面有一处凹陷，靠近中央的地方有一道纵沟被称为脾门，有血管、淋巴管和神经出入。脾是人体最大的淋巴器官，可以通过免疫反应清楚血液中的抗原，清除和破坏血液中衰老的血细胞以及储存血小板的作用。脾参与人体造血，外表呈现暗红色。脾极易受到外力打击后破裂，导致人体大出血，甚至出现失血性休克。

胸腺位于胸骨柄后方前纵隔上部，胸腺形似锥体，由左、右不对称的两叶两侧组成(图 3-18)。人出生时，胸腺已经开始发育，从青春期晚期开始，胸腺会随着人体年龄增长逐渐退化，被纤维和脂肪代替。胸腺是 T 淋巴细胞成熟和分化的部位，在胚胎发育初期，不成熟的 T 淋巴细胞会迁移到胸腺，在胸腺营养细胞分泌的胸腺激素作用下，逐渐发育成熟。

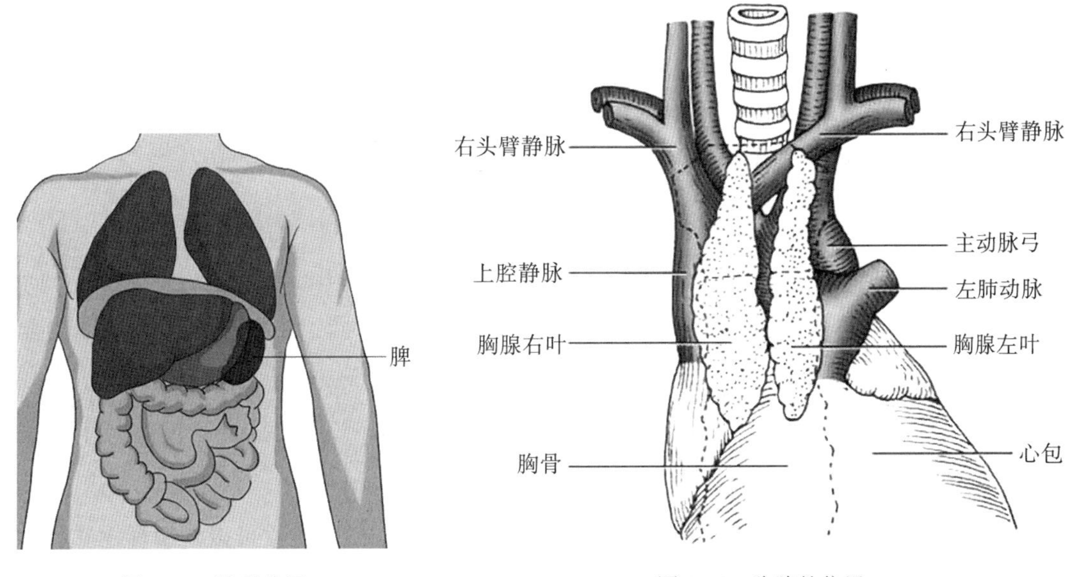


图 3-17　脾的位置　　图 3-18　胸腺的位置

淋巴结是人体数量最多的淋巴器官，是淋巴管道运输淋巴至血液途中必须经过的器官。人体一共有约 500 个淋巴结，外形类似于黄豆，一侧隆凸，与输入淋巴管相连；另外一侧凹陷，与输出淋巴管和神经血管相连。淋巴结分为深淋巴结和浅淋巴结，沿人体血管周围分布，集聚在身体比较隐蔽、安全且活动大的地方，比如关节与肌肉构成的窝和沟内。淋巴结的功能主要是过滤淋巴液，产生淋巴细胞和抗体，参与身体免疫反应。人体各部淋巴管一般汇入淋巴结，当人体局部产生病变，细菌或病毒会沿淋巴管蔓延到淋巴结，淋巴结会产生大量淋巴细胞，引起淋巴结肿大。淋巴经过一个又一个淋巴结来对细菌和病毒进行过滤。

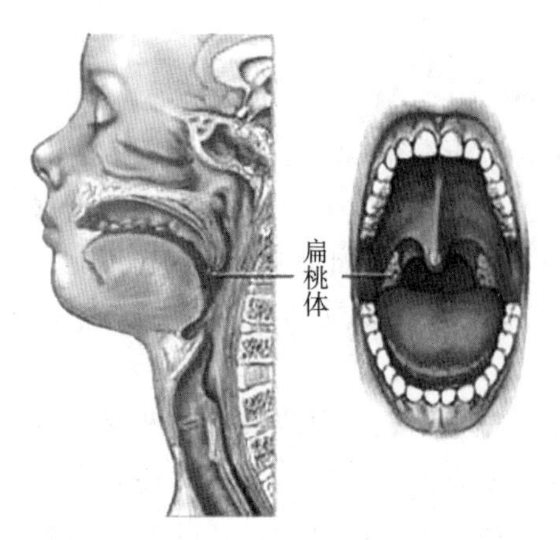


图 3-19　扁桃体

扁桃体位于呼吸道和消化道的交汇处(图3-19)，可产生淋巴细胞和抗体，故具有抗细菌抗病毒的防御功能。由于扁桃体位置特殊，较容易接触抗原而引起局部免疫反应。

4. 淋巴系统受伤表现

(1)局部淋巴结系统出现问题，如淋巴结、淋巴管、淋巴包，主要是炎症的表现，局部表现为红、肿、热、痛，给予对应进行抗炎治疗，症状就会缓解。

(2)手术的过程中淋巴系统损伤，会出现皮下或者局部组织水肿的表现，出现感染、炎症，局部皮下呈厚皮样水肿的表现。

(3)淋巴系统是免疫系统，淋巴系统功能差的人群属于细菌和病毒的易感人群，抵抗力也较弱。

## 三、消化系统

消化系统的主要功能就是从外界摄取食物和水，通过人体摄取的食物进行机械消化或化学消化，吸收食物中生命所必需的营养物质，为人体生命的存续提供物质保障，最后将消化吸收完的食物残渣排出体外。消化系统由消化管和消化腺两部分组成。

### (一)消化管

消化管也称为消化道，消化管上至口腔、下至肛门，主要作用是摄取和消化食物、吸收营养物质，最后排出食物残渣的管道。依据形态和功能不同，主要分为口腔、咽、食管、胃、小肠和大肠等。在临床上一般把从口腔到十二指肠的部分称为上消化道，把空肠至肛管的部分称为下消化道(图 3-20)。

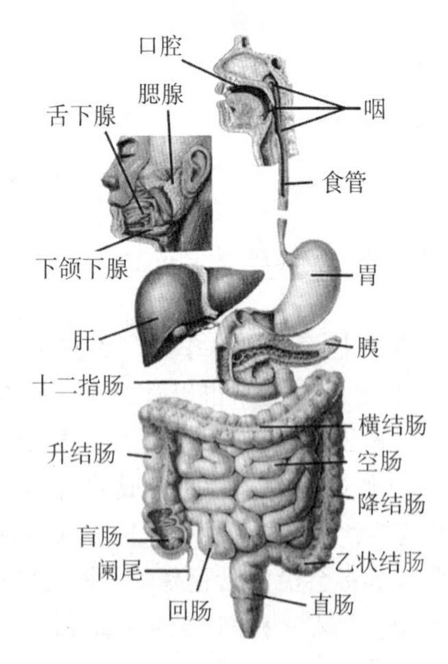


图 3-20　人体消化系统

1. 口腔

口腔是消化管的起始部，它可以咀嚼食物并通过消化酶对食物进行初步消化。口腔还具有味觉功能和参与发音的作用。口腔前为上、下唇，两侧为颊，上为腭，下为口腔底，向后与咽相通(图 3-21)。

舌位于口腔底，后部固定于舌骨上称为舌根；中部称为舌体；前部小而窄称为舌尖。舌的上面称为舌背(图 3-21)，覆盖有舌黏膜，黏膜内含有丰富的神经、血管、腺体和淋巴组织，可以让人感受到酸、甜、苦、咸等味觉刺激。舌主要由舌内和舌外的骨骼肌构成，舌的运动十分灵活，可以在口腔咀嚼食物时起到搅拌作用，还对语言和发音具有重要作用。

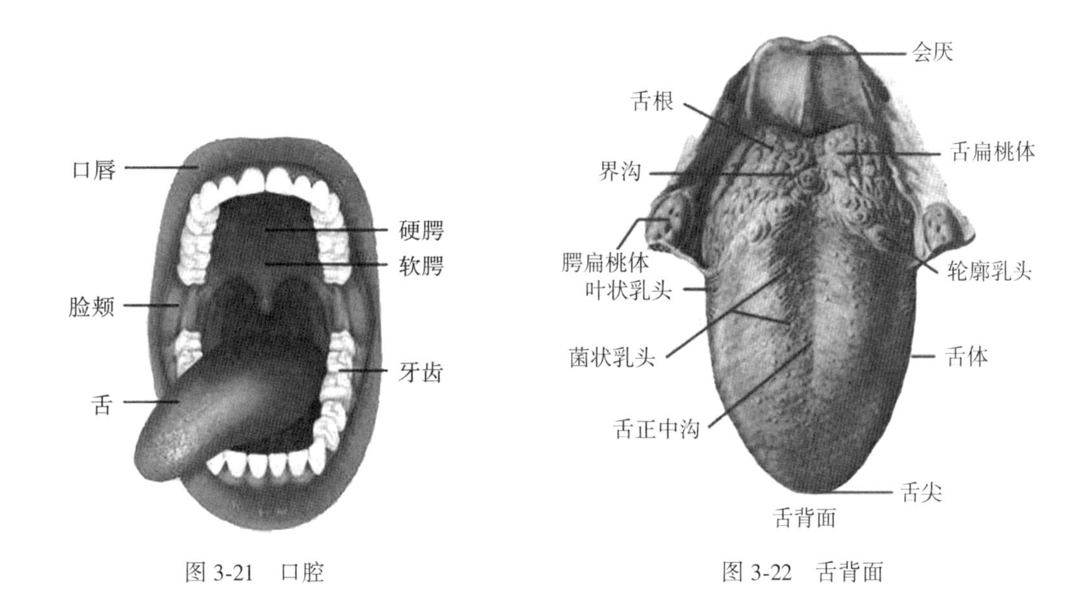


图 3-21　口腔　　　　图 3-22　舌背面

口腔腺又称唾液腺，凡是分泌物排入口腔的腺体都属于口腔腺(图 3-23)。口腔腺的分泌物称为唾液，唾液可以滋润清洁口腔，避免口腔干燥，还可以杀菌消炎，保护牙齿，同时唾液中含有多种酶，有助于机体的消化功能。

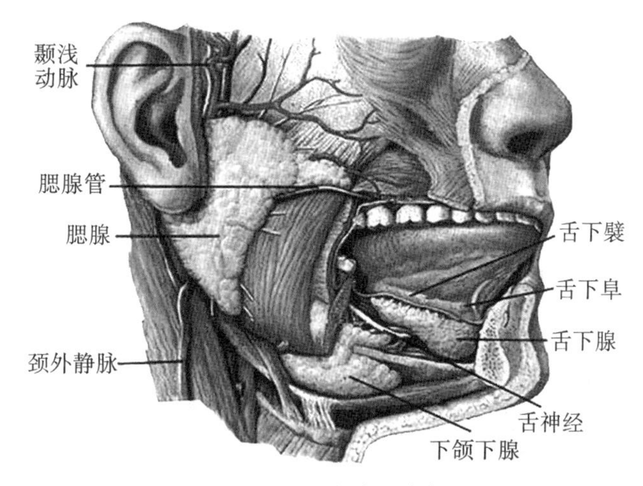


图 3-23　口腔腺的分布

2. 咽

咽是消化道和呼吸道共用的管道。咽外表是一个上宽下窄、前后略扁的漏斗形肌性管道，上端附于颅底，下端于食管相连。咽分别与鼻腔、口腔和喉腔相通，所以咽自上而下分为：鼻喉、口咽和喉咽(图 3-24)。鼻咽是咽腔最宽大的地方，前端经鼻后孔与鼻腔相通，鼻咽两侧有咽鼓管与中耳相通，作用是保持鼓膜内外压力平衡；口咽前端经咽峡与口腔相通；喉咽向前通喉腔，向后下通食管。咽壁的黏膜含有丰富的淋巴组织形成的多种扁桃体，这些扁桃体围绕在口腔、鼻腔和喉腔附近，是人体重要的防御功能。咽壁为骨骼肌，收缩时可以将食物压入食管，完成吞咽动作。

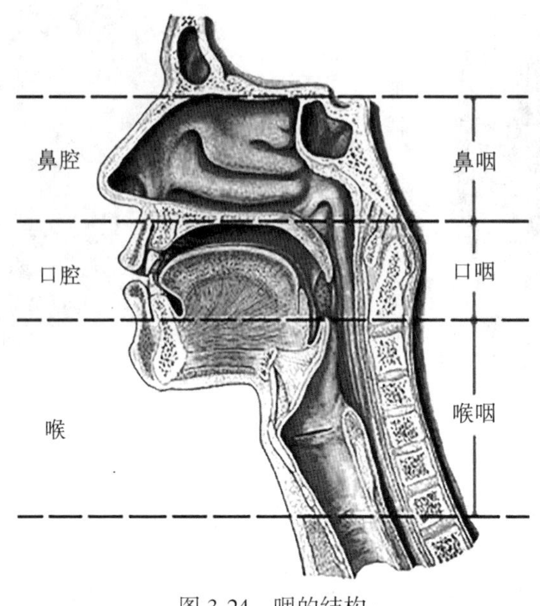


图 3-24　咽的结构

3. 食管

食管是一条输送食物的扁圆形肌性管道，位于脊柱的前方，食管上端平第 6 颈椎体下缘处连接咽，下端与胃相连，全长约 25 厘米(图 3-25)。食管全长粗细不等，但是一共有 3 个狭窄处：第一狭窄在食管起始处；第二狭窄在食管与支气管相交处；第三狭窄处膈的食管裂孔处，这些狭窄处容易导致食物滞留。

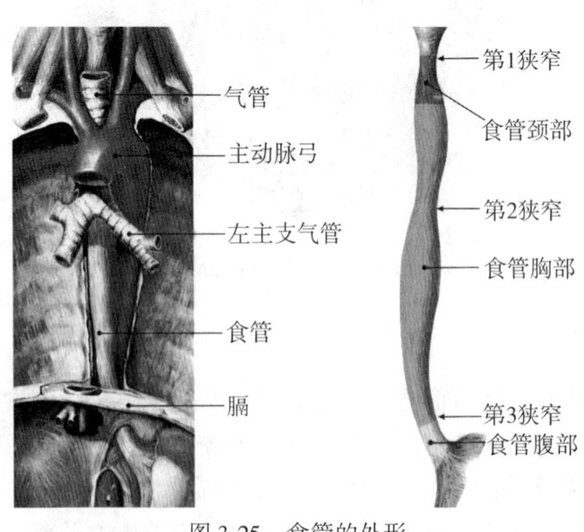


图 3-25　食管的外形

4. 胃

胃是消化管中最膨大的部分，其主要功能是容纳刚吞下的食物，具有受纳食物、分泌胃液和对食物进行初步消化的功能。胃的入口称为贲门，与食管相接；胃的出口称为幽门，与小肠相接。胃可分为四个部分：近贲门的部分称为贲门部；自贲门左上方膨出的地方称为胃底；胃的中部称为胃体；靠近幽门的部分称为幽门部(图 3-26)。

5. 小肠

小肠是消化管最长的一段，上端连接胃的幽门，下端连接大肠，在活体状态拉直后为 5~7 米，是食物消化、吸收的主要部位。来自胃的食糜在小肠内与胆汁、胰液混合，将食糜内的糖分解为葡萄糖；蛋白质分解为氨基酸；脂肪分解为脂肪酸和甘油，最后由小肠绒毛吸收分解后的营养物质小分子，并将食物残渣推向大肠。小肠分为十二指肠、空肠和回肠三部分(图 3-27)。

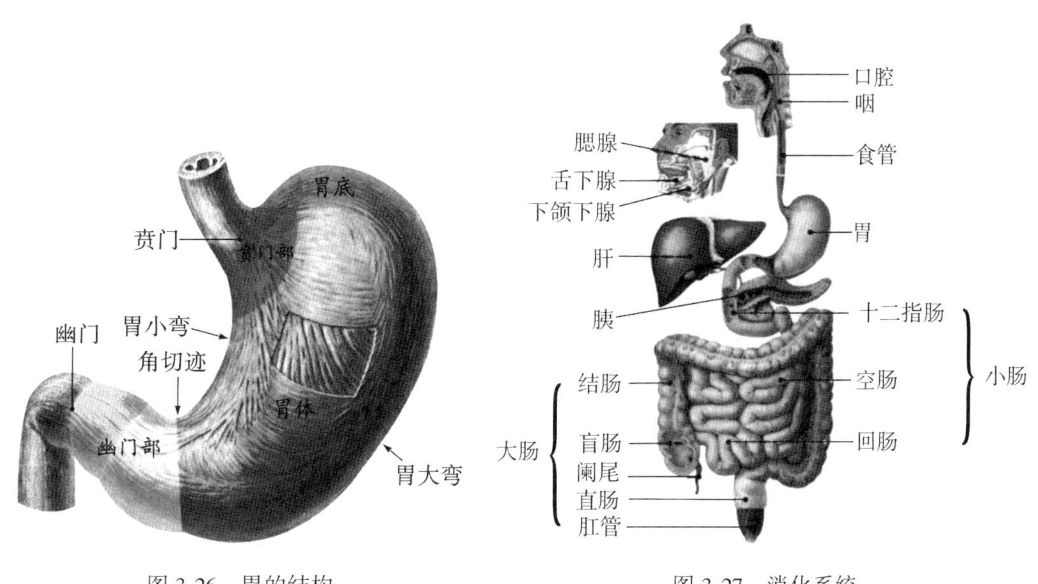


图 3-26　胃的结构

图 3-27　消化系统

十二指肠是小肠的起始部位，因为长度相当于本人十二个手指并列的宽度而得名。它位于人腹部上区，按照结构和位置可分为上部、降部、水平部和升部。

空肠上接十二指肠，除去十二指肠外，空肠占其余小肠的 40%，一般位于腹腔左上部。空肠管腔较大，黏膜环状皱襞密而厚，管内绒毛较多，血液供给量丰富，在活体中颜色较红。

回肠上接空肠，一般位于腹腔右下部。回肠与空肠相比，管腔较小，黏膜环状皱襞疏而薄，绒毛较少，颜色较淡。

6. 大肠

大肠位于腹腔内，围绕空肠和回肠的周围，是消化管末端，活体全长 1.5 米。大肠的主要功能是吸收食物残渣中的水分和无机盐，并使食物残渣形成粪便，排出体外。大肠按照结构和功能分为盲肠、结肠和直肠三段(图 3-27)。

盲肠是大肠的起始部，左侧与回肠末端相连，在盲肠末端由两个半月形瓣膜被称为回盲瓣，主要是防止盲肠内容物逆流至回肠。在盲肠的下端有一细长蠕虫状凸起称为阑尾，阑尾有免疫功能。

结肠是大肠中最长的一段，分为升结肠、横结肠、降结肠和乙状结肠四部分。

直肠上接乙状结肠，向外开口为肛门，肛门处有括约肌，当人体排便结束时，括约肌收缩可以消除滞留在肛门的粪便。

7. 消化管受伤表现

(1)喉咙受伤，分为急性外伤和酸碱腐蚀伤，会引起患者出现咽喉部组织充血、水肿、增生以及疼痛、咽喉部异物感、梗阻感，严重时还会导致呼吸困难以及吞咽困难。

(2)食管物理性穿孔，分为三种：颈部食管穿孔、胸部食管穿孔、腹部食管穿孔。颈部食管穿孔在最初几小时颈部可没有炎症表现，一段时间后颈部疼痛、僵直，呕吐带血性的胃内容物和呼吸困难。通常可听到经鼻腔呼吸发出粗糙的呼吸声；胸部食管穿孔表现为一侧胸腔剧烈疼痛，同时伴有呼吸时加重，有明确的吞咽困难，体温升高，心率增快；腹部食管穿孔常有上腹部疼痛和胸骨后钝痛的症状。

(3)胃损伤，通常具有破裂、恶心、呕吐、出血、穿孔等症状。重度损伤者可能有呕血、黑便、休克等症状。

(4)小肠受伤，主要表现为剧烈腹部疼痛，伴随恶心、呕吐，严重会表现内出血甚至发生失血性休克；如果是小肠出现物理性刺穿，还会有内容物外溢。

(5)大肠位于空回肠外周，大部分肠管位置固定，故钝器伤不多见，绝大多数是腹部穿透伤，且常伴有腹内器官损伤，大肠损伤发生率中低，但因肠腔含菌量大、污染重、肠壁薄、血运差愈合力弱，所以处理较困难、麻烦。大肠损伤时，内容物漏出慢，化学刺激性轻，早期症状体征一般不明显。

### (二)消化腺

消化腺的分泌物经过导管排入消化管腔，参与食物的消化和营养物质的吸收。

1. 肝

肝是人体最大的消化腺，它位于右季肋区和腹上部(图 3-28)。肝外表呈红褐色，质软而脆。肝的外形类似于楔形，肝脏的上面与膈肌相贴，称为膈面；肝脏下面紧贴内脏器，被称为脏面；肝脏面有一处“H”形沟，“H”形沟位于肝脏面的中部，是肝动脉、静脉、肝管、肝淋巴管和神经出入肝的通道，被称为肝门，进出肝门的结构统称为肝蒂。肝的脏面被“H”形沟分为 4 叶：左纵沟左侧为左叶；右纵沟右侧为右叶；左右纵沟之间，肝门前方为方叶，肝门后方为尾状叶(图 3-29)。

肝属于人体实质性器官，表面被结缔组织膜覆盖。肝小叶是肝的基本结构和功能单位，肝小叶由肝细胞组成，肝小叶中央有一条纵贯全长的中央静脉，中央静脉周围有很多放射状排列的肝细胞索，每条肝细胞索由两行肝细胞组成。肝细胞索在立体角度呈现为板状，也称为肝板。肝板内，相邻肝细胞之间有微细的小管称为肝小管，主要负责收集肝细胞分泌的胆汁。

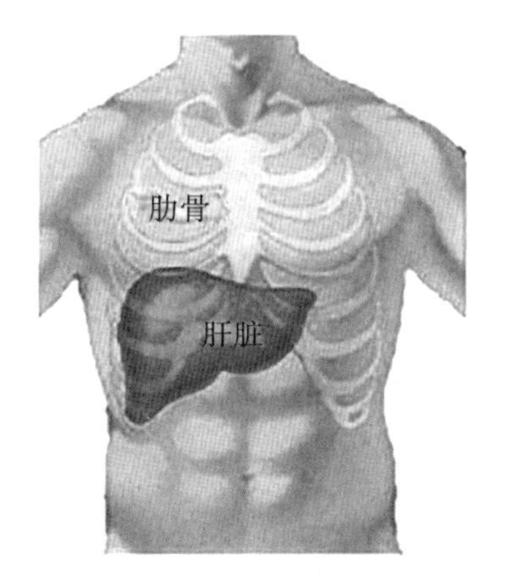

图 3-28　肝脏位置

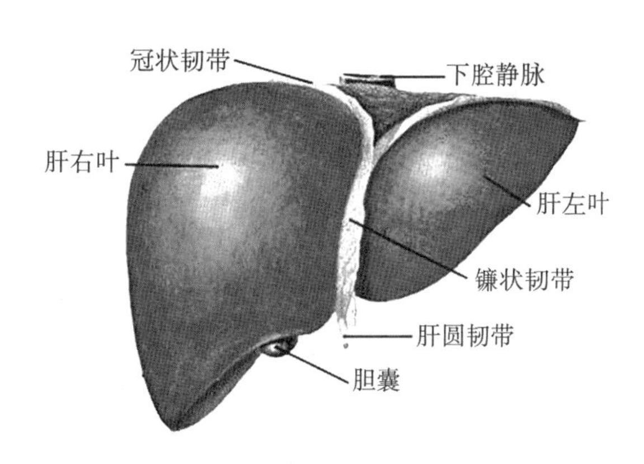


图 3-29　肝的外形

肝胆系统是将肝细胞合成和分泌的胆汁运送到胆囊储藏，包括胆囊和输胆管道。

胆囊位于肝脏下面的胆囊窝内，外形似梨，主要起储藏、浓缩、输出胆汁和调节胆道压力的作用。

输胆管道包括左、右肝管、肝总管、胆囊管和胆总管。肝细胞分泌的胆汁，经过胆小管流到肝小叶进入小叶间胆管，再汇入左右肝管，汇合流入肝总管，流至肝总管后，经过胆囊管进入胆囊储存和浓缩。当人体进食时，由胆囊流经胆囊管至胆总管注入十二指肠。

肝的功能可以概括为以下五个方面：

(1)分泌胆汁：胆汁是人体消化液的重要组成成分之一，可以消化分解食物中的脂肪和脂溶性物质。

(2)参与物质代谢：人体内糖、脂肪和蛋白质的分解与合成场所都位于肝细胞内，可以将营养物质转变为人体自身的成分。比如将人体血液中的血糖转变为肝糖原，将血液中的氨基酸转变为蛋白质储藏在人体，当人体需要大量能量时，再将储藏的物质释放到血液中，供人体使用。

(3)解毒作用：从外界进入人体的有毒物质和身体代谢的产物，在肝细胞里面发生氧化还原、水解和结合等生物化学反应，可以转变为无毒或毒性较低的溶于水的物质排出体外，从而保护人体。

(4)防御作用：肝脏内的枯否氏细胞含有吞噬能力，可以清除由消化管进入静脉血内的病毒、细菌和异物，达到抵御抗原，参与人体的免疫反应。

(5)造血作用：胚胎期的肝脏是主要的造血器官，成人的肝脏可以储存血液、调节循环血量的作用。

2. 胰

胰是人体仅次于肝的第二大腺体，外形呈扁长条形，位于胃的后方。胰可分为胰头、胰体和胰尾三部分(图 3-30)。胰头相比其他两部分比较胀大，被十二指肠包绕；胰尾与脾相贴。胰的表面被结缔组织膜包裹，胰可以分为外分泌部和内分泌部。

外分泌部：主要是由腺泡和腺管组成，腺泡可以分泌胰液，腺管将胰液排出。胰液中含有多种酶，比如淀粉酶、胰蛋白酶和脂肪酶等，胰液通过腺管排入十二指肠，有消化蛋白质、脂肪和糖的作用。

内分泌部：又称为胰岛，是分布在外分泌部的大小不一的细胞团，没有导管。细胞团的细胞呈索状排列，细胞索之间含有丰富的毛细血管。胰岛的主要功能是分泌胰岛素，调节人体内血糖的代谢。当人体胰岛素长期分泌不足时，人体血糖会变高，从而患上糖尿病。

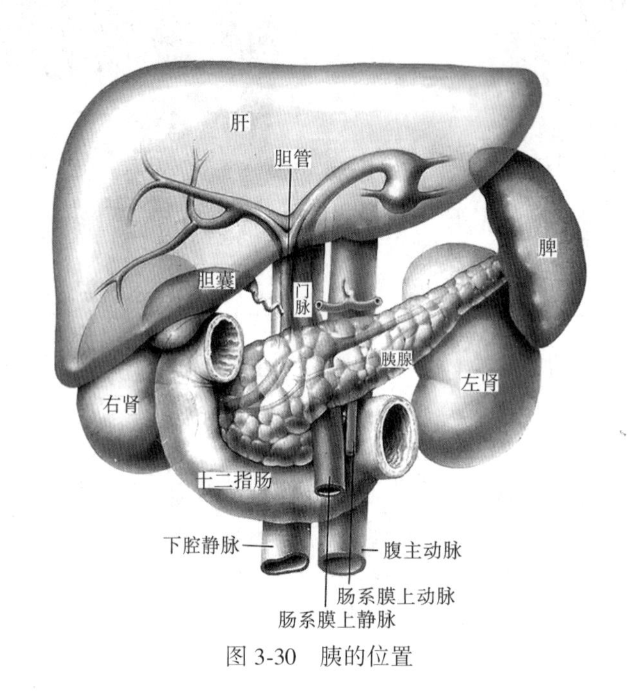


图 3-30　胰的位置

3. 消化腺受伤表现

(1)肝脏作为消化器官，外力性损伤一般会出现消化不良、恶心、呕吐等症状，出血量少并能自止，腹部体征也较轻。

(2)肝脏严重损伤有大量出血而致休克。病人面色苍白，手足厥冷，出冷汗，脉搏细速，继而血压下降。

(3)胰腺受伤通常有腹痛、腹肌紧张和反跳痛等。若胰腺受到外力而破裂，胰液会聚积在网膜囊中，并在上腹部表现出明显的压痛和肌肉紧张。

(4)由于横膈膜受到刺激，会导致肩部疼痛。若胰液外渗并进入腹腔，则会出现腹膜刺激，如腹痛、腹肌紧张和反跳痛。

## 四、呼吸系统

活的人体细胞在不断地进行新陈代谢，需要不断地供氧。呼吸系统的主要功能就是为人体提供氧气，并排除新陈代谢过程中产生的二氧化碳，这个机制被称为呼吸。

呼吸的四个生理过程：

(1)肺通气：人体不断从外界摄取氧气进入肺泡，并把肺泡中的二氧化碳排出体外。

(2)外呼吸：肺泡中的氧气透过肺泡表面毛细血管壁进入血液，同时毛细血管内的二氧化碳反向进入肺泡。

(3)氧和二氧化碳的运输：进入机体的氧气和细胞新陈代谢产生的二氧化碳经过血液运输，才能和外界进行交换。

(4)内呼吸：氧气从血液进入机体细胞供新陈代谢使用，同时二氧化碳从机体细胞进入血液。

呼吸系统由呼吸道和肺两部分组成。常将鼻、咽、喉称为上呼吸道，气管以下的气体通道(包括肺内各级支气管)部分称为下呼吸道(图 3-31)。

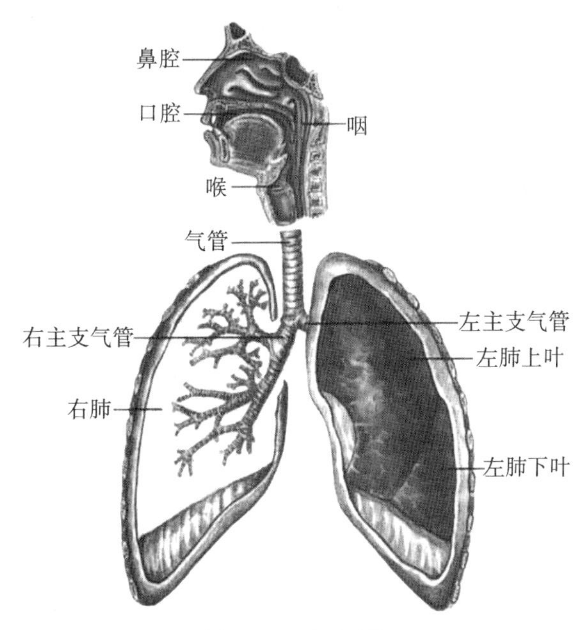


图 3-31　呼吸系统

## (一)呼吸道

人体呼吸道包括鼻、咽、喉、气管和各级支气管，主要功能是进行气体交换，即将气体从外界运进肺以及从肺运出体外的管道。鼻、咽、喉三部分称为上呼吸道；气管和主支气管称为下呼吸道，同时呼吸道内的黏膜对外界吸入的气体有加温、加湿的作用，可以吸附空气中的尘埃，起到清洁作用；鼻是嗅觉器官；咽是呼吸和消化的共同器官；喉是发音器官。

1. 鼻

鼻是嗅觉器官，也是呼吸道的起始部分，是气体进出人体的主要器官。它具有净化空气、调节空气湿度、辅助发音等功能。鼻分为外鼻、鼻腔和鼻旁窦三部分。外鼻位于面部中央，呈三棱锥状，大小和形状在人群中差异很大。外鼻上部分位于眶之间的部分称为鼻根，鼻根向下与隆起的鼻背相连，鼻背前端突出的部分称为鼻尖，鼻尖两侧的弧形隆突称为鼻翼(图 3-32)，当人体剧烈运动以后，可以看到鼻翼翕动。

鼻腔由骨和软骨组成的空腔，内部含有黏膜，鼻腔被鼻中隔分为左右两部分。鼻腔向前经鼻孔与外界相通，向后以鼻后孔与鼻咽相连；鼻腔由前部的鼻前庭和固有鼻腔组成。鼻前庭即鼻翼包围的空间，鼻前庭内部长有鼻毛，可以阻挡吸入气体中的灰尘和飞虫。

固有鼻腔是鼻的主要部分，上、中、下三个鼻甲把鼻腔分为上、中、下三个鼻通道(图 3-33)。固有鼻腔内的黏膜分为嗅部和呼吸部，嗅部即嗅黏膜，含有嗅细胞，具有嗅觉功能。呼吸部是指除嗅部以外的固有鼻腔黏膜，可以帮助人体吸附尘埃、细菌等，防止鼻腔黏膜干燥。鼻腔黏膜含有丰富的感觉神经末梢，当尘埃、花粉等可吸入颗粒物刺激神经末梢时，会诱发喷嚏反射，从而将刺激物快速排出体外。

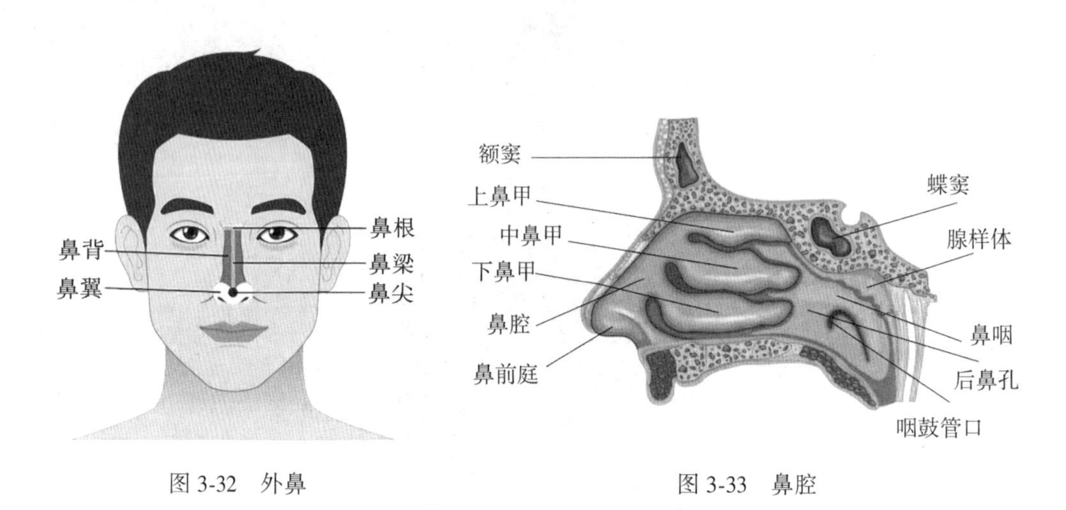


图 3-32　外鼻　　　　图 3-33　鼻腔

鼻旁窦是位于鼻腔周围颅骨内的含气腔，有孔与鼻腔相通。鼻旁窦包括上额窦、上颌窦、筛窦和蝶窦(图 3-34)，四个部分与鼻腔共同参与湿润空气，并对发音起共鸣作用。

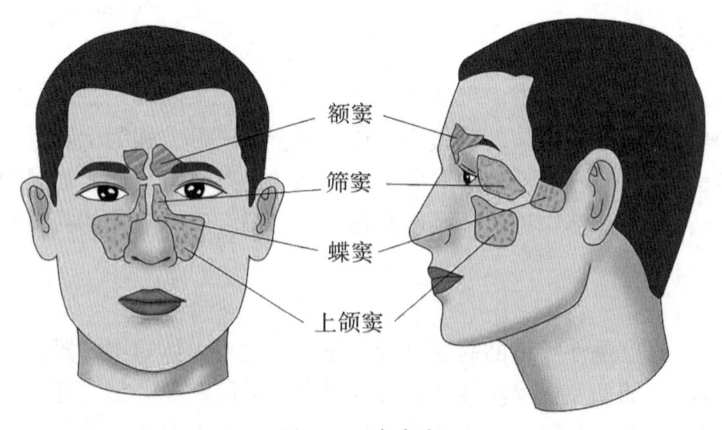


图 3-34　鼻旁窦

2. 咽

见消化系统。

3. 喉

喉位于颈前部，向上连接咽部，向下与气管相通，喉的两侧有血管、神经和甲状腺侧叶，当人进行吞咽和发音时，喉可以上下移动。喉由软骨、韧带和肌肉构成(图 3-35)，喉的软骨分为甲状软骨、会厌软骨、环状软骨和杓状软骨。甲状软骨是最大的一块，上部突出的部分称为喉结，成年男子显著。

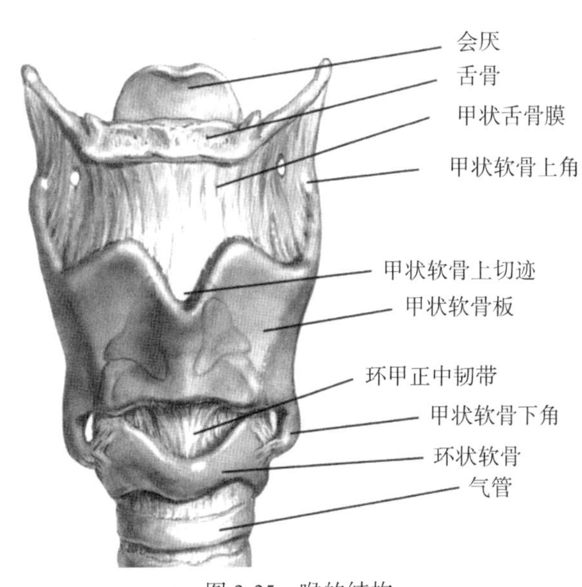


图 3-35　喉的结构

4. 气管与支气管

气管与支气管是连结喉与肺之间的管道，气管位于食管前方，分为左右支气管，左支气管细长，斜形入左肺(图 3-36)；右支气管短粗，向下较直的进入右肺，所以异物容易进入右支气管。气管由16~20 个“C”形的气管软骨、平滑肌、呼吸道上皮和结缔组织等组成，气管软骨具有支撑作用，使管腔保持开放状态，从而维持呼吸机能的正常进行。气管黏膜可以分泌黏液，通过纤维毛的摆动，可将粘有灰尘的黏液推向喉部，利用咳嗽排出体外。支气管在形状和构造上是气管的延续，支气管进入肺后，反复分支，越分越细。气管和支气管的逐级分支，形如一颗落叶后倒立的树，因此也被称为支气管树(图 3-36)。

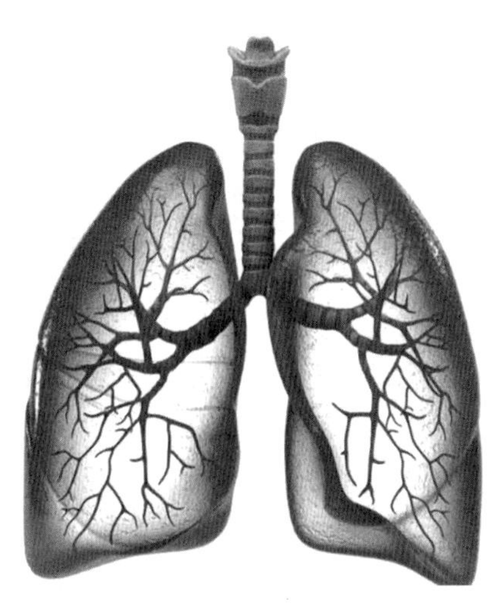

图 3-36　气管与支气管

5. 呼吸道受伤表现

(1)喉咙软骨骨折。表现为骨折后声音异常、嘶哑或失声，患者会感到喉痛并辐射到面部。

(2)出血。如果骨折较轻且仅损伤黏膜，则患者出血较少，表现为痰中有血。如果骨折程度严重，血管受损，可能会有更严重的咯血。

(3)吞咽困难。患者在吞咽时会感到疼痛，甚至吞咽困难。

(4)呼吸困难。骨折后，患者软骨破裂，黏膜充血和水肿可能导致呼吸困难。如果出血后血液流入下呼吸道，将导致窒息。

(5)气管和支气管创伤会导致皮下气肿、咯血、呼吸困难、声音嘶哑和吞咽困难。

## (二)呼吸器官：肺

1. 肺

肺是呼吸系统的呼吸器官，是人体进行气体交换的重要器官。当血液流经肺泡的毛细血管时，人体可以从肺泡内摄取氧，并把血液中的二氧化碳释放入肺泡，所以肺泡是人体和外界进行气体交换的场所。

(1)肺的位置与外形：肺位于胸腔内，分局于纵隔两侧，左右各一个(图 3-37)。肺外形呈现为圆锥形，表面光滑润泽，质地柔软呈海绵状，富有弹性。肺的上端突向颈根部的地方称为肺尖；下面与膈肌相贴的地方称为肺底；外侧面隆凸，与肋骨和肋间肌相连结，称为肋面；内侧面与纵隔肌相对，称为纵隔面，中部凹陷部分称为肺门，是血管、支气管、淋巴管和神经的进出口；左肺分为上下两叶，右肺分上、中、下三叶。

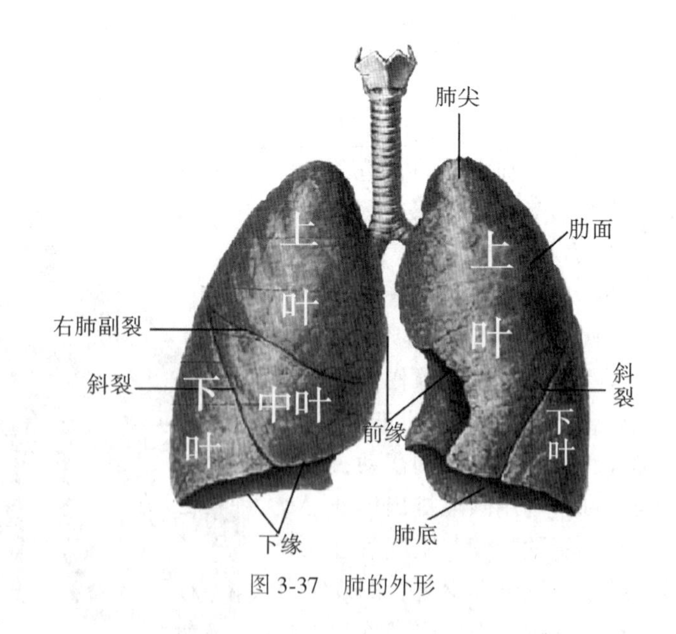


图 3-37　肺的外形

(2)肺的构造：肺由肺内支气管及其分支形成的支气管树和无数的肺泡及围绕肺泡外的毛细血管网组成(图 3-36)，支气管分支的直径小于 1 毫米，称为细支气管，每一细支气管及其分支与肺泡连接起来叫做肺小叶。肺小叶是肺的结构和功能单位。

肺的导气部：支气管在肺内反复分支，从细支气管分支到终末细支气管，随着支气管的反复分支，支气管管径变小、管壁变薄，管壁结构发生变化，最终只输送气体，而无气体交换作用。

肺的呼吸部：终末细支气管末端再分支，称为呼吸性细支气管，呼吸性细支气管再分支，称为肺泡管（图 3-38），管壁更薄，同时出现更多的开放性肺泡。肺泡管再分支，即为肺泡囊。肺泡是支气管树的最终部分，从呼吸性细支气管到肺泡，均可以进行气体交换。

在肺的呼吸作用过程中，肺泡是进行气体交换的主要场所。相邻的两个肺泡之间有肺泡隔，隔内含有丰富的毛细血管、弹性纤维、胶原蛋白和巨噬细胞。肺泡隔内的毛细血管保证了血液和肺泡内的气体交换；弹性纤维使得肺泡具有良好的弹性和扩张性；巨噬细胞具有很强的吞噬功能，可以吞噬吸入气体中的尘埃、细菌、异物等。

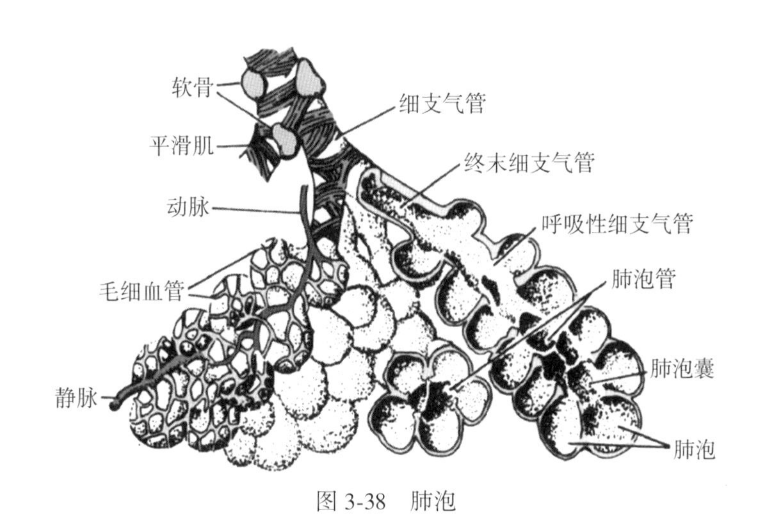


图 3-38　肺泡

（3）肺的血液循环：肺具有两套功能不同的血管，一套是肺动脉和肺静脉组成的肺循环血管，属于肺的机能血管，具有完成气体交换的作用；另一套是由体循环作用的支气管动脉，是肺的营养血管。

肺动脉从人体心脏的右心室出发，经肺门入肺，随支气管反复分支，最后形成毛细血管网。包裹在肺泡壁上，从而进行气体交换，排出血液中的二氧化碳，吸收氧气，使流过的静脉血变为动脉血，经肺静脉流出，进入人体心脏的左心房。

支气管动脉发自主动脉胸部或肋间动脉，左右各两条，经肺门入肺，与支气管相伴，并形成毛细血管网，负责各级支气管营养的供给。毛细血管网一部分连通肺静脉，一部分汇集成支气管静脉，出肺门经上腔静脉回右心房。

2. 肺受伤表现

肺损伤的主要症状是胸痛、咯血、气促、呼吸困难、气胸。肺部受损起病急，症状相对重，部分患者需要进行抢救。

（1）胸痛：肺部损伤可能会导致肋骨骨折，从而导致胸痛，也有可能是血肿压迫肺组织，刺激神经所致，也有可能是肺部损伤导致气胸。出现肺大泡破裂，气体逸出，对肺组织有压缩，然后对两侧的胸口有挤压作用所导致胸痛。

(2)咯血：肺部损伤导致肺组织内的血管破裂，患者直接咳出血液或咳出的痰中带有血丝。一般情况下，患者的胸腔有活动性出血，如果活动性出血过快，机体无法吸收，就会导致血肿形成。

(3)气促：患者肺实质受到损伤后，会引起患者呼吸急促，呼吸频率可能会升高至每分钟 20 次以上。

(4)呼吸困难：严重的肺部损伤会导致患者呼吸困难，呼吸节律不规整。主要发生机制是血肿形成过快，无法吸收压迫肺组织，使得肺部的顺应性下降。

(5)气胸：外力影响使肺组织和脏层胸膜破裂，或靠近肺表面的细微气肿泡破裂，肺和支气管内空气逸入胸膜腔。

## 五、神经系统

神经系统由位于颅腔内和椎管内的脑和脊髓，以及脑和脊髓相连的周围神经系统组成。神经系统在整个人体系统中居主导地位。首先，神经系统控制和整合其他器官系统的活动，使人体成为一个有机的整体；其次，神经系统不断接受由感受器传入的各种来自机体内、外的感觉信息，并对接收到的感觉信息进行加工、整合后再发出运动指令至肌和腺体，产生对各种刺激的应答，从而维护机体内环境稳定，使人体不断适应外界的变化；最后，神经系统可以让人产生思维与意识，人类经过长期的发展进化，在大脑皮质中进化出了分析语言的中枢，还具有了记忆、储存信息、储藏经验的能力，神经中枢就成为思维和语言的物质基础。结构上，神经系统分为中枢神经系统户外周围神经系统两部分。中枢神经系统也称为神经系统的中枢部，包括脑和脊髓；周围神经系统称为神经系统的周围部，包括与脑相连的脑神经和与脊髓相连的脊神经。

### (一)脑

脑位于颅腔内部，形态和功能较复杂。脑由端脑、间脑、小脑、中脑、脑桥和延髓六部分组成，中脑、脑桥和延髓合称为脑干(图 3-39)。人体脑的重量占人体体重较小，但是供应脑的血流量却占静息心搏出量的 20%，脑的血供量是稳定的，不会因运动、思考和计算而增加。持续稳定的供血保证了大脑稳定的功能，短暂的血液中断会造成人体晕厥或昏迷。与其他动物相比，人脑的高度发达主要是体现在大脑皮质的面积增加，皮质层的细胞高度分化，这是人类高级神经活动的物质基础。

1. 脑干

脑干位于颅后窝，居枕骨斜坡和小脑之间，自上而下，由延髓、脑桥和中脑组成。

(1)延髓：外形似倒置的锥体，后上方为小脑，下接脊髓(图 3-39)。由于脊髓相连，脊髓表面的沟裂向上延伸到延髓。延髓腹面的两侧有隆起，称为锥体，椎体上含有舌下神经、舌咽神经迷走神经和副神经。在延髓背面，延髓的下部形似脊髓，后正中沟的两侧各有一对突起。脑桥位于中脑和延髓之间，脑桥腹面宽阔、胀大突起，称为脑桥的基底部。基底部正中有一条基底沟，脑桥下缘与延髓相接沟内含有多种神经。中脑位于脑桥和间脑之间，向下与脑桥相连。腹侧两边是粗大纵横纤维束组成的大脑脚。延髓的功能是调整内脏器官活动，保持生命所必要的基本神经中枢，所以延髓有生命中枢之称。脑桥对维持人

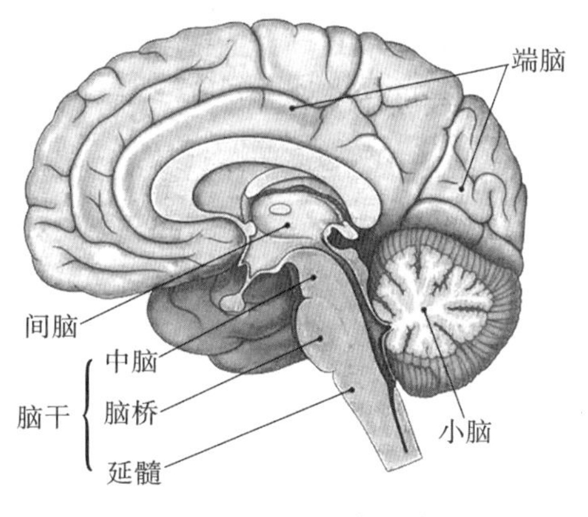

图 3-39　脑的基本组成

体的功能具有重要的作用，主要包括运动功能，如眼球及肢体的运动、感觉传导的中继站、上行网状激活系统维持人体的意识清醒等。中脑的主要功能负责控制与感觉相关的反应并调节人体对这些反应的行动，包括温度调节、运动控制和睡眠周期等。

总的来说，脑干的作用有：①接受各种内脏感觉和特殊感觉的传入，作出各种内脏运动和腺体分泌功能的调节；②接受颅面部躯体感觉的传入和支配，调节颅面部肌肉的躯体运动；③协调大脑皮质传入本体感觉，到达大脑皮质，传出和协调眼球运动、共济失调等精细躯体运动的执行；④维持睡眠-觉醒、呼吸节律、精神心理平衡、行为等诸多神经生理、心理功能的正常行为。

2. 小脑

小脑位于颅后窝内，延髓和脑桥的背面，大脑枕叶下方。小脑上面平坦，下面中部凹陷(图 3-40)，两侧隆凸。小脑中间狭窄的部分称为蚓部，两侧膨大的部分称为小脑半球。小脑的表面有许多平行的沟，小脑表层有大量的神经元胞体聚集，形成小脑皮质。小脑各部皮质结构相同，由多种类型的神经元构成。小脑皮质的深部是小脑白质，称为髓质，髓质内部还有灰质核团，称为中央核或小脑核。

小脑主要有三种功能：协调躯体运动、调节肌肉紧张和维持机体平衡。

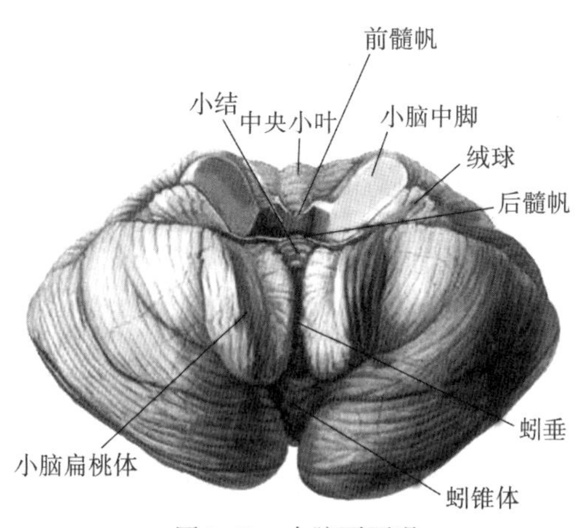

图 3-40　小脑下面观

3. 间脑

间脑位于脑干和端脑之间，两侧和背面被大脑半球覆盖(图 3-39)。间脑可以分为上丘脑、背侧丘脑、后丘脑、下丘脑和底丘脑五部分。上丘脑连接松果体，松果体主要功能是分泌褪黑素、形成生物钟和抑制性早熟的作用。背侧丘脑占据间脑的大部分，几乎所有大脑的传入纤维在到达大脑皮质之前，都要在这里进行神经元变换，所以背侧丘脑是一个重要的皮下感觉中枢。后丘脑是躯体听觉和视觉的皮质下中枢。下丘脑是神经分泌的中心，它可以将躯体神经调节和体液调节融为一体，是自主神经调节的皮质下中枢，对躯体体温、生殖、体液平衡和内分泌活动等进行广泛的调节。

4. 端脑

端脑又称为大脑，是脑的最大部分和最高级部位。大脑在外形上呈左、右两个半球对称(图 3-41)，两个半球以大脑纵隔相连，大脑半球表面是卷曲的大脑皮质，使大脑半球在外形上呈核桃状，卷曲的大脑皮质称为脑回，脑回之间被脑沟分隔。尽管每个人的脑回和脑沟不一样，但是每个大脑半球还是可以凭借表面的脑沟分为 5 个叶：额叶、顶叶、颞叶、枕叶和岛叶(图 3-42)。

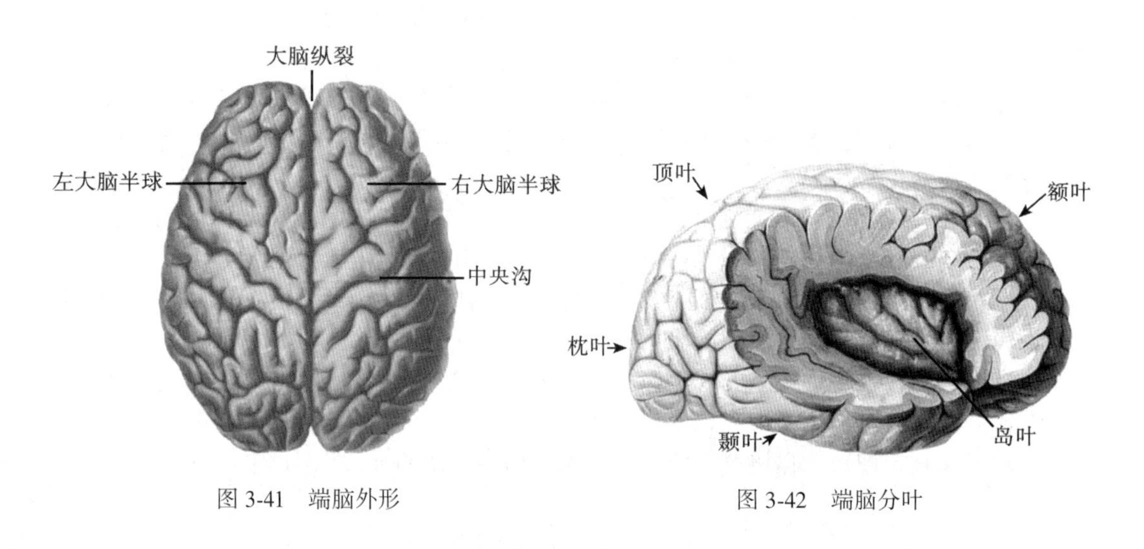


图 3-41　端脑外形　　图 3-42　端脑分叶

额叶位于大脑半球的前部，主管运动、语言、智能、情感等；顶叶位于大脑半球的后顶部，主管感觉、阅读等；颞叶位于大脑半球的外侧，人们感受声音、确认自己的空间位置的最高中枢就在这里，由许多处理听觉、语言和某方面记忆的亚区组成；枕叶位于大脑半球的后部，主管视觉、阅读等，称为视觉皮层；岛叶位于额叶中部，它向大脑皮层传递我们身体内部状态的信息。

5. 脑受伤表现

(1)小脑损伤：患者会出现四肢无力、行走不便、无法握紧实物，没有办法快速移动，出现头晕、语言含糊不清的情况。

(2)脑干损伤：除了头晕、恶心、吞咽困难等常见症状，患者还会在失眠中出现呼吸暂停，难以在运动中保持平衡。

(3)颞叶损伤：患者可能会出现短期或者长期的记忆丧失，导致对人脸识别困难。其理解能力下降，没有办法识别或者描述一些具体的物品，认知能力随病情进展而降低。

(4)额叶损伤：病人可能会因此出现性情上的改变，情绪容易波动、变得偏执。而且其语言表达能力会下降，注意力无法集中，解决问题的能力会下降。

(5)顶叶损伤：这类患者的手眼协调困难，因为脑部损伤，所以无法传达给手部准确的“命令”。读写时出现问题，无法对于想要描述的目标物体做正确的反应，左右混淆，计算能力也随之下降。

(6)枕叶损伤：这类患者可能表现为视觉的缺陷，有色盲情况的存在。可能没有办法识别单词与物体，对于阅读和写作都有些困难。

## (二)脊髓

脊髓起源于胚胎时期神经管的后部，与大脑相比，脊髓的分化较少，所以脊髓是中枢神经系统中结构和功能相对简单的部分。人体许多重要的感觉和运动都是通过脊髓将高级神经中枢和周围神经中枢相联系，因此脊髓在人体生命活动中具有重要意义。

脊髓位于躯体椎管内(图 3-43)，外形呈前后稍扁的圆柱形，最外层包有被膜，弯曲与脊柱一致。脊髓最上端与严肃相连，下端平齐第一腰椎下缘，长度为 40~45 厘米。脊髓的末端变细，一直向下延续变为细长的无神经细丝，终止于尾骨背面。

脊髓全长粗细不均，有两个明显的彭大部分。颈膨大，位于颈髓第 4 节至胸髓第 1 节；腰膨大，位于腰髓第 2 节至骶髓第 3 节。脊髓两个膨大部分出现与人体四肢的出现及该节段神经元和神经纤维的增多有关系。颈膨大支配上肢；腰膨大支配下肢(图 3-44)。

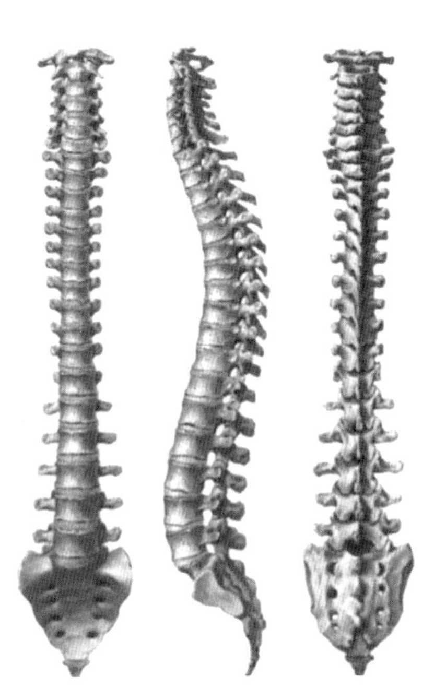

图 3-43　脊髓在椎管中的位置

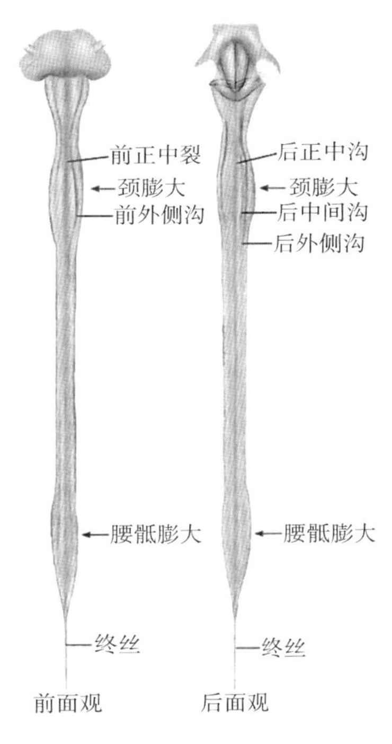


图 3-44　脊髓的前面观与后面观

1. 脊髓的基本功能

脊髓的功能可以简单概括为：①来自躯体和四肢的全部感觉和大部分内脏感觉，都要通过脊髓的上行纤维束向上传递到大脑皮层进行分析和综合；大脑皮质和皮质下中枢的大部分神经冲动传到脊髓，由脊髓发出信号到效应器，实现对全身骨骼肌和大部分内脏活动的调节；②反射功能：脊髓灰质内的低级中枢，可以实现以脊髓为中心的初级躯体或内脏的非条件性反射，比如膝跳反射。

2. 脊髓受伤症状

(1)感觉障碍。当患者的脊髓损伤时，就可能会出现损伤平面下的皮肤感觉障碍，还可能会出现皮肤感觉减退、麻木或皮肤温度调节障碍。

(2)运动障碍。脊髓损伤后还可以出现一些运动障碍，比如四肢瘫或者截瘫，出现肢体无力的症状，严重者会完全瘫痪。

(3)二便障碍。脊髓损伤时括约肌发生一些障碍，所以就会出现二便障碍，比如可以出现便秘或二便失禁的症状。

# 模块四　事故现场急救技术

◎ **知识目标：** 简述现场急救常用的装备和耗材；概括现场急救的流程；概括心肺复苏及AED的使用、止血、包扎、骨折固定、伤员搬运、气道异物梗阻等急救方法的操作方法及注意事项。

◎ **能力目标：** 能快速、准确地判断伤员伤情；能正确、规范、熟练地实施现场心肺复苏及AED的使用、止血、包扎、骨折固定、伤员搬运、气道异物梗阻等急救方法；能正确、全面地判断现场急救效果。

◎ **素质目标：** 树立人民至上、生命至上的理念、安全意识、急救意识和法律意识；树立正确的世界观、人生观、价值观；培养规范意识、标准意识、职业素养和社会责任感；培养精益求精的工匠精神和爱岗敬业的劳动精神；具有良好的团队协作和沟通能力；培养对党忠诚、竭诚为民的救援精神。

## 项目一　心搏骤停急救技术

### 一、心搏骤停与现场心肺复苏

#### (一)心搏骤停基本知识

心搏骤停是指心脏在正常或无重大病变的前提下，受到严重打击而引起的心脏有效收缩和泵血功能的突然停止，大动脉搏动与心音消失，重要器官(如脑)严重缺血、缺氧，导致生命终止。这种突然的死亡，医学上又称之为猝死。当心跳停止10~20秒，患者的意识丧失；20~40秒，患者的呼吸停止；60秒，患者的瞳孔散大；4~6分钟，脑细胞出现不可逆性的死亡。

1. 心搏骤停的临床表现

(1)意识突然丧失或伴有短阵的抽搐。

(2)脉搏消失，血压测不出，心音消失，心电图改变。

(3)呼吸断续呈叹息样，约在心跳骤停后30秒内呼吸停止。

(4)瞳孔散大，面色苍白或发绀。

(5)脑电图低平，出现痉挛性强直。

2. 心搏骤停的常见原因

(1)心源性心搏骤停，即各种心血管疾病。成人中最为常见的为冠心病，其次如扩张型心肌病、先天性心脏病、心瓣膜病等。儿童心源性猝死，以肥厚型心肌病、冠状动脉异常、心律失常等原因最为常见。

(2)非心源性心搏骤停，分为以下几种：

①淹溺：特别是儿童，在家长疏于看管时不慎落水引起淹溺。

②电击：触碰到漏电电线、意外事故中折断的电线、闪电或者接触某些带电体等引起电击。

③气道异物：尤其是儿童，在口含小玩具、各类坚硬食物时，突然大笑或摔倒致异物误入气道引起气道异物梗阻，严重者呼吸、心搏骤停。

④麻醉和手术中的意外：因缺氧及大量失血而心搏骤停。

⑤药物中毒：如洋地黄、奎尼丁、灭虫灵等药物中毒都可引起心搏骤停。

3. 心搏骤停的预防措施

(1)了解心搏骤停的早期症状，及时就医诊断。

(2)定期体检，随时了解身体状况，尤其是老年人心血管状况。

(3)日常生活积极锻炼，戒烟限酒，合理饮食，保证充足的睡眠。

(4)做好家庭用电安全防护，安装插座不宜过低，经常检查家庭电路，外出及时断电。

### (二)心肺复苏基本知识

心肺复苏(Cardio Pulmonary Resuscitation，CPR)，是针对呼吸和心跳停止的急症危重伤员所采取的抢救措施，通过胸外心脏按压形成暂时的人工循环，在开放气道的前提下，采用人工呼吸代替自主呼吸，尽快使伤员恢复自主呼吸和心跳的一种急救技术。

1. 心肺复苏开始时间对伤员的影响

对心跳突然停止者，应当在4分钟内进行心肺复苏，心肺复苏开始得越早，挽救生命的希望越大。4~6分钟后会造成患者脑和其他人体重要器官组织的不可逆的损害，10分钟以后进行复苏，患者生还机会非常渺茫，成功率几乎为零。因此，心搏骤停后的心肺复苏必须立即进行，为进一步抢救直至挽回心搏骤停伤员的生命而赢得宝贵时间。在现场进行心肺复苏，不仅可以维持患者的心跳和呼吸，还可以维持大脑的功能，避免和减少严重后遗症的发生。

2. 心肺复苏的原理

胸外按压，使胸骨与脊柱之间的心脏受到挤压，推进血液向前流动；松开按压时，心脏恢复舒张状态，心脏扩大产生吸引作用，促使血液回流，起到人体正常循环的作用。

3. 心肺复苏生存链

为了提高心搏骤停伤员的生存率，1992年美国心脏协会(AHA)提出“生存链”的基本概念。“生存链”是指现场从“第一目击者”发现心搏骤停伤员开始，遵循救护原则实施现场救护，到专业急救人员到达接替救护，至伤员康复出院回归正常生活的一系列行为所构成的链。根据《2020美国心脏协会心肺复苏及心血管急救指南》“生存链”主要由启动应急反应系统、高质量CPR、除颤、高级心肺复苏、心搏骤停恢复自主循环后治疗和康复六个环节组成(图4-1)。对于现场急救而言，第一、二、三环节最关键，可由受过急救培训的人员尽早实施，第四、五、六环节由专业医护人员施行或在医院进行。

图 4-1 心肺复苏生存链(2020)

### (三)成人心肺复苏实施流程

1. 现场评估

在现场救助伤员，首先要确定现场是否安全。在眼睛看、耳朵听、鼻子闻等综合分析的基础上，判断现场是否安全。如果现场不安全，则需要先消除不安全因素，脱离不安全环境，将伤员移至安全平坦的地方，并封锁现场。例如，在车祸现场，需要将伤员转移至安全区域；在煤气泄漏现场，则需要立即关闭煤气、通风，并将伤员转移到新鲜空气流通的安全区域，确保在一个安全的环境下对伤员进行急救。

其次，根据现场条件尽可能在做好自我防护的情况下进行救护，包括防护手套、医用口罩、护目镜等(图 4-2)。

2. 判断伤情

(1)判断意识：成人及儿童通过轻拍、重喊判断伤员反应。采取轻拍伤员双肩，靠近耳边大声呼叫：“喂！你怎么啦?”观察伤员有无反应判断意识(图 4-3)；婴儿通过拍击足底判断反应。

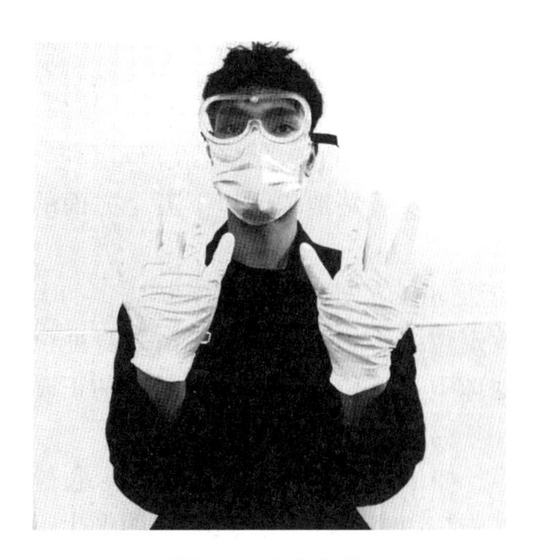

图 4-2 自我防护

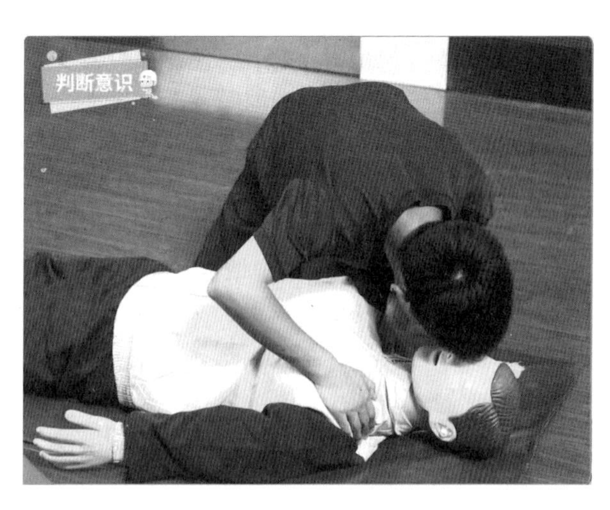


图 4-3 判断伤员有无意识

(2)判断呼吸：判断伤员呼吸是否停止，用“一看、二听、三感觉”来判定(图4-4)。一看：看伤员胸腹部有无起伏；二听：侧头用耳靠近听伤员口鼻处有无呼吸声；三感觉：在听的同时，用脸颊感觉伤员口鼻处有无气流呼出。

(3)判断脉搏：判断伤员颈动脉有无搏动，具体做法：用食指及中指先摸到喉结处，再向外滑至同侧气管与颈部肌肉所形成的沟中，触摸颈动脉有无搏动(图4-5)，检查时间5~10s(可以默数，从“1001”到“1010”)。

图4-4　判断伤员有无呼吸

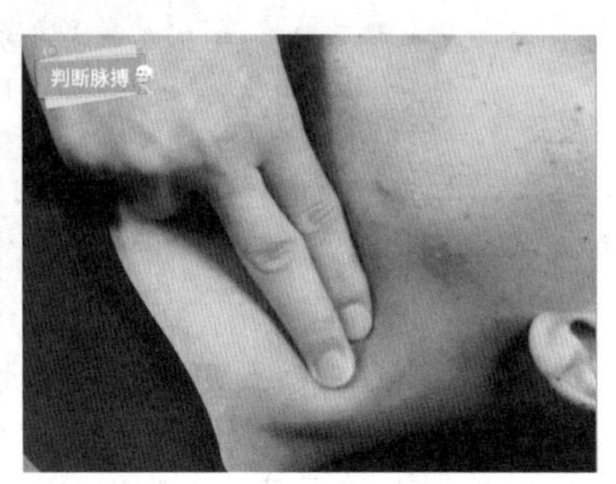

图4-5　检查颈动脉

根据《2020美国心脏协会心肺复苏及心血管急救指南》，对非专业急救人员，在心肺复苏前不再要求将检查颈动脉搏动作为一个必需的判断步骤，只要确认伤员有无意识且无自主呼吸就进行心肺复苏。

注意：《2020美国心脏协会心肺复苏及心血管急救指南》建议非专业人员对可能的心脏骤停患者实施CPR，因为如果患者未处于心脏骤停状态，这样做对患者造成伤害的风险也较低。

3. 紧急呼救

发现伤员无意识、无呼吸，则可判定发生心搏骤停，立即高声呼唤其他人前来帮助救人，并尽快拨打120急救电话。现场有两名及以上救护员时，一人立即实施心肺复苏，另一人向急救系统求救，寻找周围是否安放AED(自动体外除颤器)。打电话时要保持镇静，不要慌张，用最精炼、准确、清晰的语言说明伤员所处的位置、目前的情况及严重程度，包括伤员的人数、存在的危险及需要何种急救。一般应简要清楚地说明以下五个方面的情况：

(1)说明突发事件的准确地点。尽可能地指出附近街道交汇处或其他显著标志，如大型的某商场、著名的纪念碑旁、某酒店旁等，为施救定位缩小难度。如果不清楚身处位置，也不要惊慌，因为急救指挥调度中心可以通过地球卫星定位系统追踪呼救者的正确位置。

(2)报告伤员的姓名、性别、年龄和联系电话等。如果伤员是儿童，应将其家长姓名、联系电话告诉对方；如果伤员不能行走且身边无人能抬时，则可向“120”说明派出担架员。

(3)说明伤员目前最紧急的情况，如晕倒、呼吸困难、大出血或重物压迫等。

(4)出现灾害事故、突发事件时，应说明伤害的性质、严重程度和伤员的人数等。如果有大批伤员，还应请求对方协助向有关方面呼救，争取相关部门参与援助。

(5)说明现场能采取的救护措施。

注意事项：①急救中心派出救护车时最好有人员到附近路口等候，为救护车引路，以免耽误抢救时间；②等待救护人员到来的期间，把伤员身边可能阻碍急救的物品拿走，疏通搬运伤员的通道；③准备伤员必须携带的物品；④呼救 20 分钟后如果救护车还未到达，可再次联系；⑤在救援人员到达之前，呼救过的电话要保持畅通，尽量别用呼救的电话去拨打其他电话。

4. 放置体位

胸外心脏按压前判断地面是否平坦，伤员是否是仰卧体位。在现实生活中，伤员倒地时的体位可能是俯卧位、侧卧位或仰卧位，但在评估伤员呼吸或心肺复苏时需要将伤员置于仰卧位(图 4-6)，因此可能要调整伤员的体位。具体做法：如果伤员处于俯卧位或其他不宜复述体位，救护员应在伤员的一侧，将其双上肢向头部伸直，将对侧小腿放在同侧的小腿上，呈交叉状。救护员一只手托住被救者的后头枕部，另一只手放置于其对侧腋下，将伤员整个身体转向救护员一侧，并置于仰卧位后，放置其双上肢于身体两侧。现场救护员位于伤员的一侧，宜于右侧，近胸部部位。

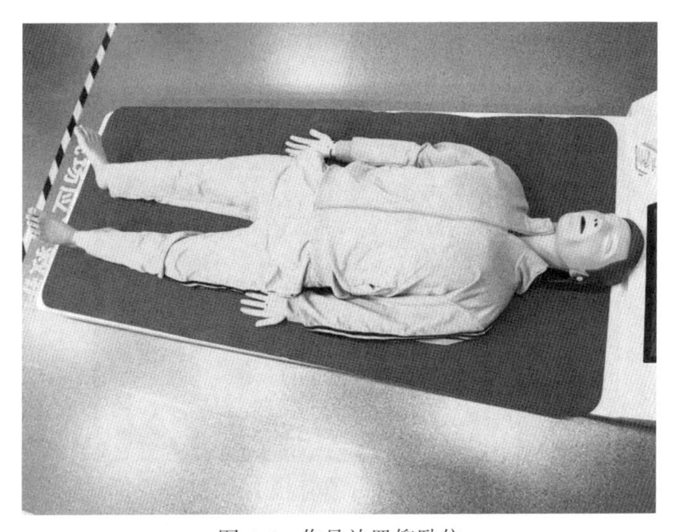

图 4-6 伤员放置仰卧位

注意：对怀疑有颈椎受伤的患者，翻转身体时要使其头颈背部呈轴向转动，以免引起脊髓损伤。

5. 胸外心脏按压

(1)确定按压部位。

方法一：胸部正中，两乳头连线中点(胸骨下 1/2 处)即为按压部位(图 4-7)。

方法二：滑行法。一只食指沿伤员肋下缘向上方滑行至两肋弓交汇处，食指紧贴中指并拢，另一手的掌根部紧贴于第一只手的食指平放，使掌根与胸骨下半部位重合(图 4-8)。

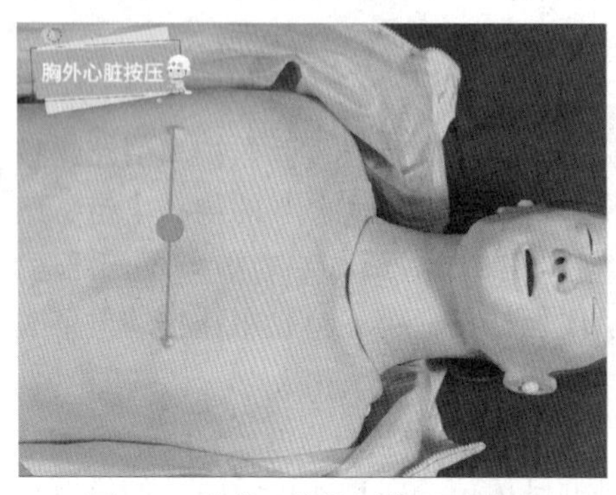


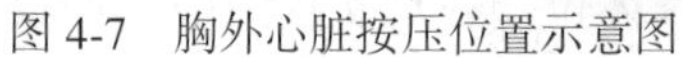

图 4-7　胸外心脏按压位置示意图

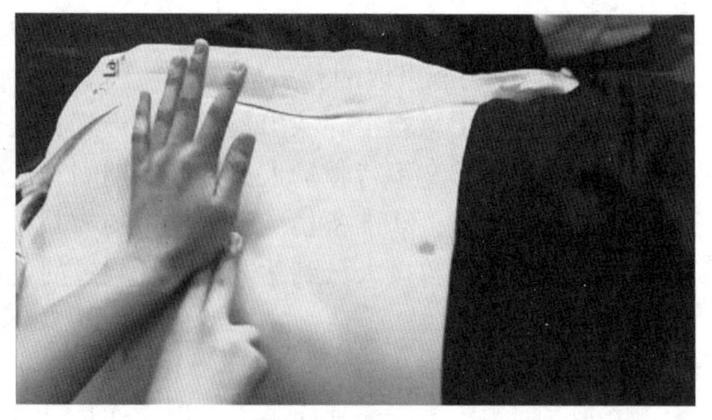

图 4-8　滑行法

(2)按压手法：救护员一只手掌根部置于按压位置，另一手掌重叠放在此手背上，双手十指相扣，指尖翘起，避免接触肋骨。

(3)按压姿势：双臂伸直，垂直下压。肘关节伸直，身体前倾，上肢呈一直线，双肩位于手上方，以保证每次按压的方向与胸骨垂直，按压时确保手掌根不离开胸壁。以髋关节为支点，利用杠杆原理，巧用上半身的力量往下用力按压(图 4-9)，注意：不要用整个手掌按压，腰用力，而不是手臂冲击。

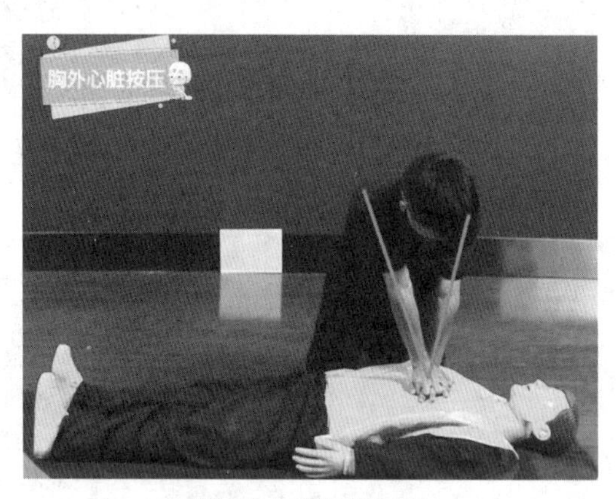


图 4-9　现场按压图

(4)按压深度：对正常体型的伤员，成人按压时胸壁的下陷幅度为 5~6 厘米。

(5)按压频率：以每分钟 100~120 次的速率进行按压，大声计数按压次数，如“01、02、03”。

(6)按压周期：30 次为一循环，时间为 15~18 秒，保持双手位置固定。

(7)按压比例：胸外心脏按压与人工呼吸之比为 30∶2。

(8)胸外心脏按压注意事项：①每次按压后，让胸部充分回弹到正常位置，回弹时间与按压时间大致相同；②按压深度、速率均匀，忌太深、太浅、太快、太慢，不要中断；③防止并发症。胸外心脏按压的并发症包括肋骨或胸骨骨折、肋骨与胸骨分离、气胸、血胸、肺挫伤、肝脾撕裂伤和脂肪栓子。正确的 CPR 技术可减少并发症，故要求操作规范正确。

6. 开放气道

在开放气道之前，先检查口腔有无异物。确定伤员没有脊柱受伤，使伤员头部转向一侧，清除口腔异物，检查伤员颈部是否有损伤，然后将伤员头部回正。具体做法：拇指下拉下颌骨，打开口腔检查异物，将伤员头部转向一侧，一手拇指伸入口中下压舌，其余四指屈曲提起下颌，另一手食指自伤员口角一侧进入将异物取出。

伤员意识丧失时，易造成气道阻塞。当无头颈部创伤时，可以采用仰头举颏法打开气道；怀疑有头颈部损伤时，应避免头颈部过度后仰，不宜使用仰头举颏法，可采用托颌法。

(1)仰头举(抬)颏法：救护员将一只手放在伤员前额，用手掌小鱼际(手掌的小手指一侧)压住伤员的前额，使头部向后仰，另一只手的食指和中指放在下颌骨处，控制好力度抬起下颌，使下颌角和耳垂的连线与地面垂直(图 4-10)。气道开放后有利于伤员呼吸，也便于做口对口人工呼吸。

(2)双手托颌法：救护员把双手放置于伤员头部两侧，肘部支撑在伤员躺卧平面上，握紧下颌角，用力向上托下颌，如伤员紧闭双唇，可用拇指把口唇分开(图 4-11)。

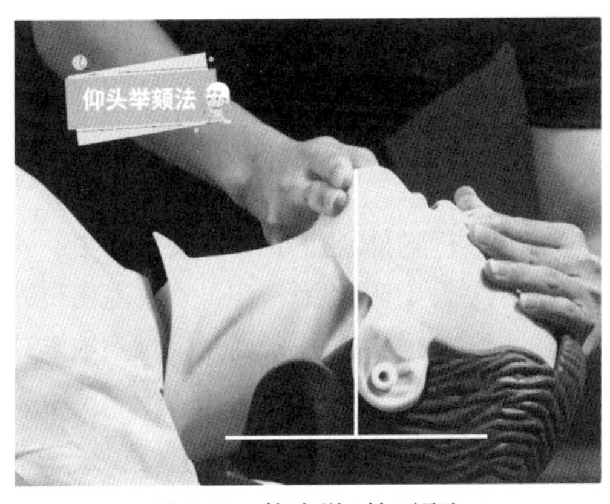


图 4-10　仰头举(抬)颏法

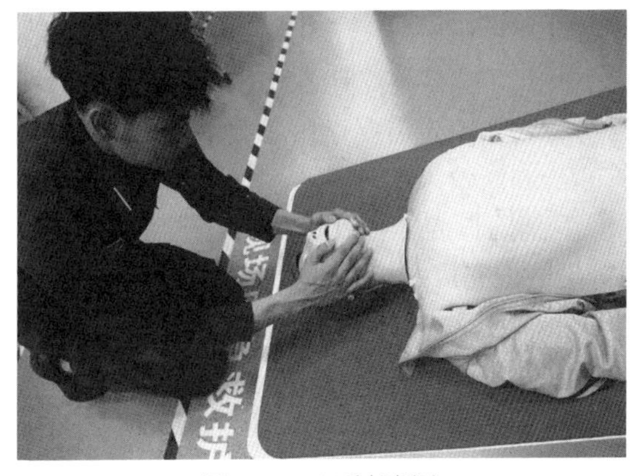

图 4-11　双手托颌法

7. 人工呼吸

(1)口对口人工呼吸：救护员跪伏在伤员的一侧，用一只手的掌根部轻按伤员前额保持头后仰，同时用拇指和食指捏住伤员鼻孔，正常吸一口气，用口把伤员口完全罩住，使口鼻均不漏气，缓慢吹气(图 4-12)，同时观察伤员胸廓是否有起伏(每次吹气 1 秒，可以默数 4 个音节，如“1001”)。一次吹气完毕后，口应立即与伤员口部脱离，同时捏鼻翼的手松开(掌根部仍按压伤员前额部)，以便伤员呼气时可同时从口和鼻孔出气，确保呼吸道通畅。

(2)口对口鼻人工呼吸：婴幼儿在心肺复苏时可采用口对口鼻人工呼吸。

(3)人工呼吸注意事项：①人工呼吸一定要在气道开放的情况下进行；②在有条件的

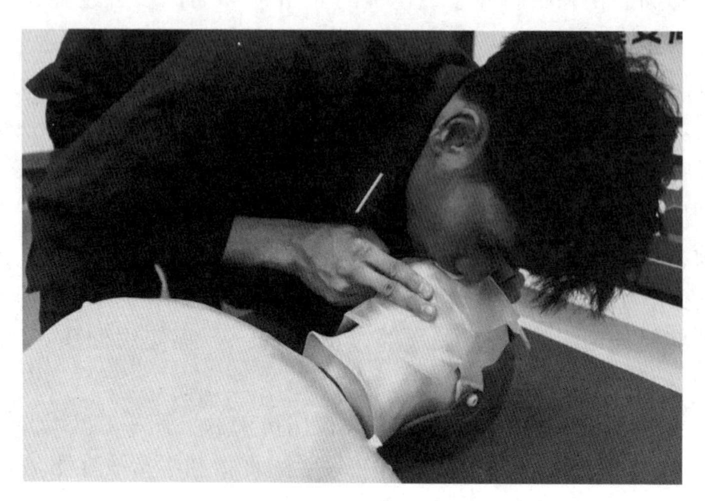

图 4-12　口对口人工呼吸

情况下，人工呼吸时应使用人工呼吸面膜或就地取材，使用透气的阻隔材料，如纱布、薄手帕、薄衣服等，可以避免直接接触伤员的口鼻，有利于保护自己，减少感染；③向伤员肺部吹气不可过快或用力过大，仅需胸廓隆起即可，吹气量不能过大，以免引起胃扩张等并发症，一般成人推荐 500~600mL 的潮气量；④如果救护员不能或不愿意进行口对口人工呼吸，可以不做，但必须持续不断地进行胸外心脏按压。研究表明，成人 CPR 最初 6~12 分钟并非一定需要正压通气，因此单纯胸外按压的 CPR 是可以实施的。

8. 判断效果

从清除口腔异物人工呼吸两次后，按 30∶2 的要求进行胸外心脏按压与人工呼吸，在 2 分钟之内完成 5 组心肺复苏(30 次胸外心脏按压加 2 次人工呼吸为一组)，触摸伤员颈动脉，同时观察自主呼吸的恢复情况。若复苏不成功，则继续实施心肺复苏，直到成功或专业人员赶到。

9. 安置伤员

心搏骤停抢救成功后，救护员整理伤员衣服，安慰伤员，减轻恐惧，安置伤员于合适的体位，头偏向一侧。

### (四)成人、儿童、婴儿心肺复苏标准对比

成人、儿童、婴儿心肺复苏标准对比见表 4-1。

表 4-1　**成人、儿童、婴儿心肺复苏标准对比**

| 标准 | 成人(青春期以后) | 儿童(1~12 岁) | 婴儿(出生至 1 周岁) |
|---|---|---|---|
| 判断意识 | 轻拍双肩、呼喊 | 轻拍双肩、呼喊 | 拍打足底 |
| 检查呼吸 | 确认没有呼吸或没有正常呼吸(叹息样呼吸) | 没有呼吸或只是叹息样呼吸 | |

续表

| 标准 | | 成人(青春期以后) | 儿童(1~12岁) | 婴儿(出生至1周岁) |
|---|---|---|---|---|
| 检查脉搏 | | 检查颈动脉 | 检查颈动脉 | 检查肱动脉 |
| | | 仅限医务人员，检查时间不超过10秒 | | |
| 胸外心脏按压 | CPR步骤 | C-A-B | A-B-C(此步骤亦适用于淹溺者) | |
| | 按压部位 | 胸部两乳头连线的中点(胸骨下1/2处) | | 胸部正中乳头连线下方水平 |
| | 按压方法 | 双手掌根重叠 | 单手掌根或双手掌根重叠 | 中指、无名指(两个手指)或双手环抱双拇指按压 |
| | 按压深度 | 5~6厘米 | 至少为胸廓前后径的1/3 | 至少为胸廓前后径的1/3 |
| | 按压频率 | 100~120次/分 | | |
| | 胸廓反弹 | 每次按压后即完全放松，使胸壁充分恢复原状，使血液回心 | | |
| | 按压中断 | 尽量避免中断胸外心脏按压，应把每次中断的时间控制在10秒之内 | | |
| 人工呼吸 | 开放气道 | 头后仰成90°角 | 头后仰成60°角 | 头后仰成30°角 |
| | 吹气方式 | 口对口或口对鼻 | 口对口或口对鼻 | 口对口鼻 |
| | 吹气量 | 胸廓略隆起 | | |
| | 吹气时间 | 吹气持续约1秒 | | |
| 按压/通气 | | 30∶2 | 30∶2 | 30∶2(新生儿30∶1) |

## (五)心肺复苏成功指标及高质量心肺复苏的标准

1. 心肺复苏成功指标

(1)颈动脉搏动。完成5组心肺复苏，触摸伤员颈动脉，脉搏恢复搏动，说明伤员自主心跳已恢复。

(2)面色转红润。伤员面色、口唇、皮肤颜色由苍白或发紫转为红润。

(3)意识渐渐恢复。伤员昏迷变浅，眼球活动，出现挣扎，或给予强刺激后出现保护性反射动作，甚至手足开始活动，肌张力增强。

(4)出现自主呼吸。应注意观察，有时很微弱的自主呼吸不足以满足肌体供氧需要，如果不进行人工呼吸，则可能很快又停止呼吸。

(5)瞳孔变小。扩大的瞳孔逐渐变小，并出现对光反射。

2. 高质量心肺复苏的标准

(1)成人胸外心脏按压频率100~120次/分。

(2)按压深度5~6厘米。

(3)每次按压后胸廓完全回弹，按压与放松比大致相等。

(4)尽量避免胸外心脏按压的中断。

(5)吹气可见胸廓起伏，应避免过度吹气。

## 二、自动体外除颤器

### (一)自动体外除颤器的概念和工作原理

自动体外除颤器(Automated External Defibrillator，AED)是一种便携式、易于操作，可自动检测心律、自动除颤，稍加培训即能熟练使用的，专为现场急救设计的急救设备。它区别于传统除颤器，可以经内置电脑分析和确定伤员是否需要予以电除颤。

当心脏受到创伤、中毒、触电或溺水等因素的影响时，可能造成心律失常，最严重的后果是心搏骤停。心室纤维性颤动(室颤)和无脉性心动过速是两种常见的致命性心律性失常，电击除颤是治疗这两种心律失常的唯一有效手段。AED 可自动分析伤员心律，识别是否为可除颤心律。如为可除颤心律，AED 可在极短时间内放出大量电流经过心脏，以终止心脏所有不规则、不协调的电活动，使心脏电流重新自我正常化。

及时发现并及时电击除颤和心肺复苏可挽救相当比例心搏骤停伤员的生命，除颤可提高心肺复苏成功率达 30%；从倒地至除颤，每延迟 1 分钟，患者生存的概率大约降低 10%。在人口稠密的社区和人员活动多的场所配备 AED，并培训现场急救人员，对挽救心搏骤停伤员生命意义重大。

### (二)自动体外除颤器的构造和特点

(1)自动体外除颤器的面板和电极片如图 4-13 所示。

AED 面板一般有 3 个按钮，包括开关键、分析键和电击键。某些 AED 面板只有开关键和电击键，有些 AED 面板只有电击键。某些 AED 有语音和文字提示屏幕。

成人电极片直径为 8~13 厘米，婴儿电极片直径为 4.5 厘米。儿童 1 岁以上或体重大于 10 千克者，可用成人电极片；儿童 8 岁以上或体重超过 25 千克者，用成人电极片。

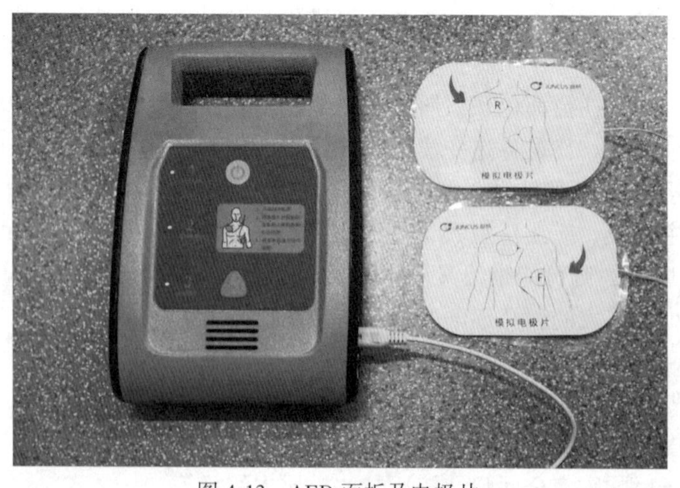


图 4-13 AED 面板及电极片

(2)自动体外除颤器具有如下特点：

①能够自动分析伤员心律，识别是否需要除颤，如不需要除颤，则继续施行心肺复苏；

②能够给予电击来终止异常心律(室颤或无脉性心动过速)并使心脏的正常节律得以恢复；

③便于操作，非专业人员和医务人员经过培训均可操作；

④除颤和心肺复苏一起使用，能更有效地提高现场复苏率。

### (三)自动体外除颤器的使用方法

使用方法及步骤如下：

(1)取出 AED：找到 AED 存放位置，取出 AED。

(2)打开电源：长按 AED 电源按钮，听到语音提示，确认 AED 开机，按语音提示操作后续步骤。

(3)贴电极片：撕去电极片贴膜，按照电极片上的图示贴电极片：一张电极片贴于患者右胸上部，即锁骨下方(电极片的上缘锁骨下方，侧缘紧贴胸骨右缘)，另一张贴于伤员左侧胸壁(电极片上缘平乳头连线，中点在腋前线)，如图 4-14 所示。

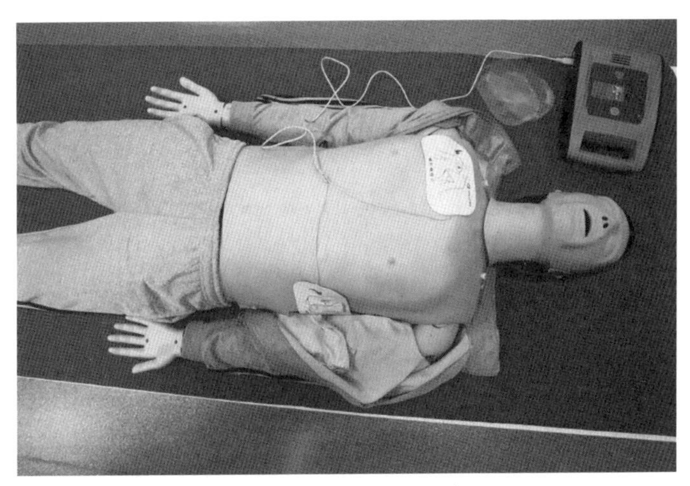

图 4-14　贴电极片部位

(4)插电极片插头：将电极片插头插入 AED 主机插孔，确保通电。

(5)自动分析心律：电极片插头正确连接后，AED 可自动分析心律，救护员用语言告知周边人员不要接触伤员。分析完毕后，AED 会根据分析的结果，自动通过语音提示发出是否进行除颤的建议。

(6)除颤：救护员听到建议除颤语音提示后，等待充电，确定所有人员未接触伤员。当自动体外除颤器充电完成，放电键会连续闪烁，指示开始电击，按下 AED 电击按钮放电。电极片在除颤后不去除，直至送到医院。如果 AED 提示不需要电击除颤，则应立即实施 CPR。

(7)继续 CPR：除颤后继续 CPR，连续 5 个循环，根据伤情确定是否继续除颤。AED 会每 2 分钟分析一次心律，以便于实施心肺复苏。如此反复操作，直至伤员恢复心搏和自主呼吸，或者专业医护人员到达。

#### (四)自动体外除颤器使用的注意事项

(1)若出现溺水事故，应将患者从水中拉出；若患者身上有水，则快速擦拭胸部的水。

(2)电极片不得贴在衣服上，需要和皮肤直接相连。

(3)在进行心律分析和除颤过程中，不要接触伤员。

(4)如果身上有毛发，则应剃掉需要粘贴电极片部分的毛发。

(5)患者除颤后会抖动，正常人被电击会导致心律失常或击昏。

(6)对于 8 岁以下的小儿病人，应优先使用儿科自动体外除颤器，如使用标准自动除颤器，则应优先使用儿科电极片。

(7)若出现伤员安装起搏器等特殊情况，电极贴片须避开起搏器。

## 项目二　现场急救基本技术

### 一、出血与止血

#### (一)失血的临床症状

血液是生命的源泉，人体的血液占人体的 7%~8%，一个成年人的全身血液总量为 4000~5000mL，短期内出血超过 40%(1600mL)以上，可造成重度休克，甚至死亡。具体见表 4-2。

表 4-2　**失血的临床症状**

| 失血量 | | 症状 | 意识 |
|---|---|---|---|
| 出血量<10% | 约 400mL | 无明显症状，可自动代偿 | 正常 |
| 出血量<20% | 约 800mL | 脉搏加快，面色苍白 | 轻度休克 |
| 出血量<40% | 800~1600mL | 呼吸增快、面色苍白、脉搏快而弱，口唇发紫 | 中度休克 |
| 出血量>40% | 1600mL 以上 | 脉搏细而弱，摸不清，反应迟钝，昏迷甚至死亡 | 重度休克 |

事故现场严重的创伤常引起大量出血而危及伤员的生命，实施有效止血能减少出血，保存有效血容量，防止休克发生。因此，现场及时有效止血，是挽救生命、降低死亡率，为伤员赢得进一步治疗时间的重要技术。然而，现场救护条件较差，要想做到既能有效止血，又能因地制宜就地取材，而且使用的止血方法又不会伤及肢体，就必须学习相关的知识和技能，一旦遇到伤员时，能在现场井井有条地实施救护。

### （二）出血类型

出血可分为不同类型。

1. 按受伤血管的类型分类

动脉出血：血液为鲜红色，随着脉搏而冲出，呈喷射状，出血速度快、量大，与脉搏节律相同，危险性大，若不及时处理，会危及生命。

静脉出血：血液为暗红色，血流较缓慢，呈持续状态，不断流出，量中等，可引起失血性休克，危险性较动脉出血少。

毛细血管出血：血液为鲜红色，血液从整个伤口创面渗出，一般不容易找到出血点，常可以自动凝固而止血，危险性最小。

2. 按出血部位分类

内出血：血管受损出血后，血液积聚在组织内或腔体中，如胸腔、腹腔、关节腔等处，称内出血。内出血出血量难以估计，且易被忽视，危险性极大。

外出血：血液从伤口流向体外者称为外出血，常见于刀割伤、刺伤、擦伤等。

### （三）止血材料

常用的止血材料有敷料、绷带、创口贴、止血带，也可以就地取材，如用三角巾、毛巾、手绢、清洁布料、衣物等折成五指宽的宽带可以应急。禁止用电线、铁丝、绳子等替代止血带。

1. 敷料

敷料用来覆盖伤口，须为无菌敷料。如没有无菌敷料，可以用干净的毛巾、衣物、布、餐巾纸等替代。目的是控制出血，吸收血液，并引流液体，保护伤口，预防感染。

2. 止血带

止血带用宽的、扁平的布质材料制成。应尽可能采用医用气囊止血带、表带止血带。

3. 三角巾

将边长为1米的正方形白布或纱布对角剪开即分成两块三角巾，90°角称为顶角，其他两个角称为底角，外加的一根带子称为顶角系带，斜边称为底边。为了方便不同部位的包扎，可将三角巾折叠成带状，称为带状三角巾；或将三角巾在顶角附近与底边中点折叠成燕尾式，称为燕尾式三角巾。

### （四）创伤止血方法

常用的创伤止血方法有：直接压迫止血法、加压包扎止血法、止血带止血法。止血的先后顺序为：压住、包住、捆住。

1. 直接压迫止血法

这是最直接、快速、有效、安全的止血方法，可用于大部分外出血的止血（图4-15）。

（1）救护员快速检查伤员伤口内有无异物，如有表浅小异物可将其取出。

（2）将干净的纱布块或手帕（或其他干净布料）作为敷料覆盖到伤口上，用手直接压迫出血部位止血。注意：必须是持续用力压迫，持续压力10分钟以上。

(3)让伤员坐下或躺下，将出血部位抬高。

(4)如果敷料被血液湿透，不要更换，再取新的敷料覆盖在原有敷料上，继续压迫止血，等待救护车到来。

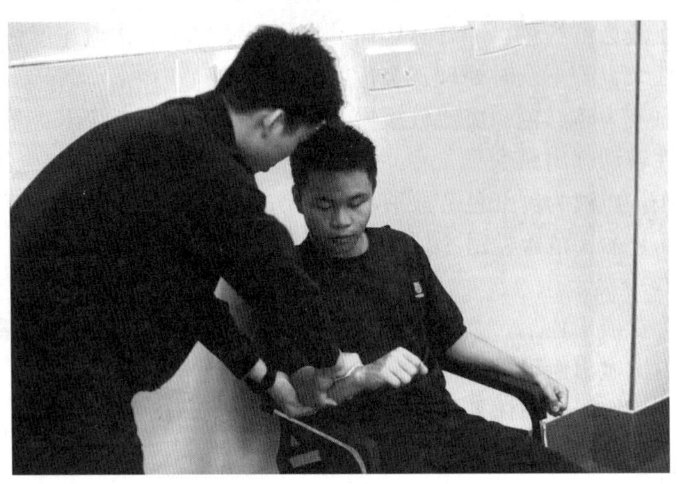

图 4-15　直接压迫法止血

2. 加压包扎止血法

加压包扎止血法是最常用的止血方法，是外伤出血时最先考虑的方法，身体各处伤口均可使用。但伤口内有碎骨片时禁用此法，以免加重损伤。加压包扎止血法是在直接压迫止血的同时，再用绷带(或三角巾)加压包扎(图 4-16)。

(1)救护员首先直接压迫止血，压迫伤口的敷料应超过伤口周边至少 3 厘米。

(2)用绷带(或三角巾)环绕敷料加压包扎。

(3)包扎后检查肢体末端血液循环，如包扎过紧影响血液循环，则应重新包扎。

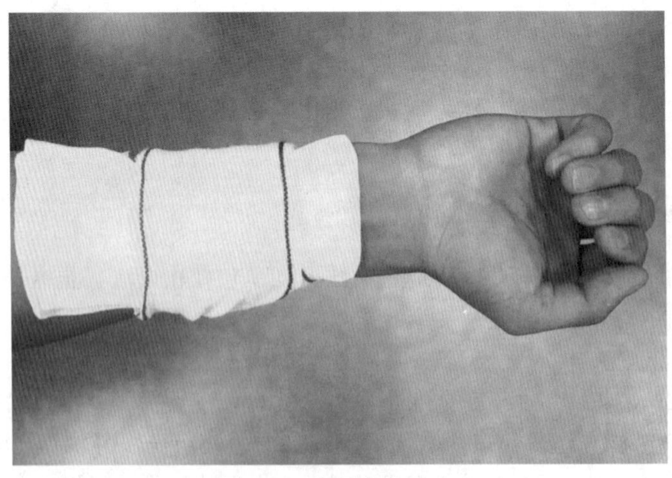

图 4-16　加压包扎止血

3. 止血带止血法

当遇到四肢大动脉出血，或伤口大、出血量多时，采用以上止血方法仍不能止血时，方可选用止血带止血的方法。这种方法能有效地制止四肢出血，但使用不当，可能引起或加重肢端坏死、急性肾功能不全等并发症，因此主要用于暂不能用其他方法控制的出血。常用的止血带有表带式止血带、橡皮管、布制止血带等。

(1)用表带式止血带止血：如上肢出血，在上臂的上 1/3 处(如下肢出血，在大腿的中上部)垫好衬垫(可用绷带、毛巾、平整的衣物等)，将止血带缠绕在肢体上，一端穿进扣环，并拉紧至伤口停止出血为度；在明显的部位注明结扎止血带的时间。

(2)用橡胶管止血带止血：橡胶管弹性好，可用作止血带，但直径不可过细，否则易造成局部组织损伤。操作时，在准备结扎的部位加好衬垫，救护员左手在离止血带端(A 端)约 10 厘米处由拇指、食指和中指紧握止血带，右手拉紧止血带缠绕伤侧肢体连同救护员左手食、中指两周，同时压住止血带的 A 端；然后将止血带的另一端(B 端)用左手食、中指夹紧，抽出手指时由食指、中指夹持 B 端从两圈止血带下拉出一半，使其成为一个活结(图 4-17)。需要松止血带时，只要将尾端拉出即可。

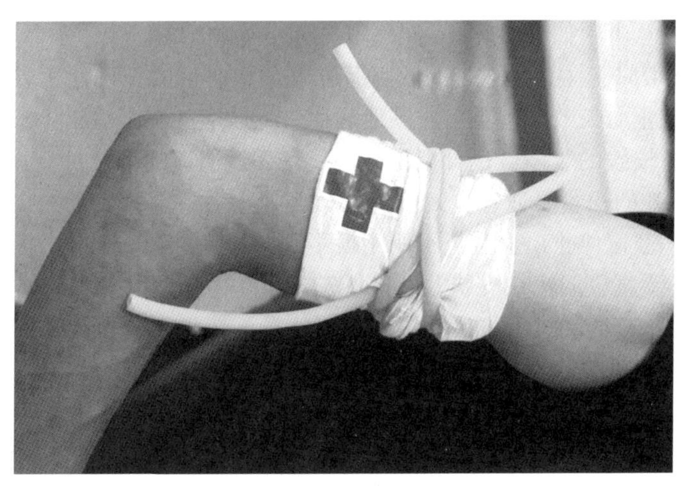

图 4-17　橡胶管止血带止血

(3)用布带止血带止血：在事故现场，往往没有专用的医用橡胶管止血带或其他止血带，救护员可根据现场情况，就便取材，利用三角巾、围巾、领带、衣服、床单等作为布带止血带。但布带止血带缺乏弹性，止血效果差，如果过紧，还容易造成肢体损伤或缺血坏死，因此，尽可能在短时间内使用。

首先将三角巾或其他布料折叠成约 5 厘米宽、平整的条状带；如上肢出血，在上臂的上 1/3 处(如下肢出血，在大腿的中上部)垫好衬垫(可用绷带、毛巾、平整的衣物等)；用折叠好的条状带在衬垫上加压绕肢体一周，两端向前拉紧，打一个活结(也可先将条状带的中点放在肢体前面，平整地将带的两端向后环绕一周作为衬垫，交叉后向前环绕第二周，并打一活结)；将一绞棒(如铅笔、筷子、勺把、竹棍等)插入活结的外圈内，然后提起绞棒旋转绞紧至伤口停止出血为度；将棒的另一端插入活结的内圈固定(或继续打结将绞棒的一端固定)；结扎好止血带后，在明显的部位注明结扎止血带的时间(图 4-18)。

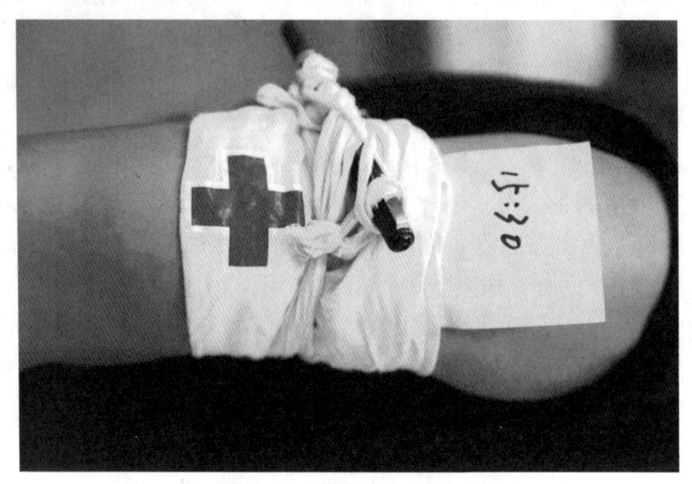


图 4-18　布带止血带止血

止血带使用注意事项如下：

(1)使用止血带时，注意止血带的使用部位以及止血带的正确使用方法，以免因为止血带使用不当导致止血失败，甚至引发其他病症。上肢应扎在上臂上 1/3 处，下肢应扎在大腿中上部，对于损毁的肢体，也可把止血带扎在靠近伤口的部位。

(2)止血带捆扎的松紧要适宜，太松，很难达到止血效果；太紧，则容易引起肢体损伤或缺血坏死，一般以停止出血且远端刚刚摸不到脉搏为准。

(3)止血带不要直接缠绕在皮肤上面，事先要垫上衬垫，以免皮肤损伤。

(4)使用止血带止血的过程中，要注意观察伤员的体温、脉搏，还应密切关注伤处的出血情况以及附近皮肤是否发生变化，及时报告异常情况。

(5)使用止血带止血的时间不宜过长，每隔一段时间就要放松止血带几分钟。

(6)松开止血带时不要太快，最好提前用洁净纱布压住伤处，然后从边缘处慢慢松开纱布，同时做好止血措施，以防止出现大量出血的情况。

(7)禁止用细铁丝、电线、绳索等当作止血带。

### (五)止血操作注意事项

(1)尽可能带上医用手套，如无，则用敷料、干净布片、塑料袋、餐巾纸作为隔离层。

(2)首先要准确判断出血部位及出血量，然后决定采取哪种止血方法。

(3)不要对嵌有异物或骨折断端外露的伤口直接压迫止血。

(4)不要去除血液浸透的敷料，而应在其上另加敷料，并保持压力。

(5)肢体出血，应将受伤区域抬高到超过心脏的高度。

(6)大血管损伤时，常需要几种方法联合使用。首先要采用直接压迫止血法，并及时拨打急救电话，转运时间长时，可采用加压包扎法止血。

(7)如必须用裸露的手进行伤口处理，在处理完后用肥皂清洗手。

(8)无论使用哪种止血带，都要记录时间，注意定时放松，放松止血带要缓慢，以防止血压波动或再出血。

(9)布料止血带因无弹性，要特别注意防止肢体损伤，不可增加压力。

(10)止血带在万不得已的情况下方可使用。

## 二、包扎

### (一)包扎的目的

伤口是细菌侵入人体的门户之一。如果伤口被细菌感染，就有可能引起局部或全身严重感染并发脓毒症、气性坏疽、破伤风，严重损害健康，甚至危及生命。受伤以后，如果没有条件做清创手术，在现场要先进行包扎，以保护伤口，防止进一步污染，减少感染机会；减少出血，预防休克；保护内脏、血管、神经、肌腱等重要解剖结构；减轻疼痛；有利于伤员转运和进一步治疗。

### (二)包扎材料

常用的包扎材料有创可贴、尼龙网套、三角巾、绷带、弹力绷带、胶带，以及就便器材，如手帕、领带、毛巾、头巾、衣服等。

(1)创可贴：有各种大小不同规格，弹力创可贴适用关节部位损伤。

(2)绷带：卷状绷带具有不同的规格，可用于身体不同部位的包扎，如手指，手腕，上、下肢等。普通绷带利于伤口渗出物的吸收，高弹力绷带适用于关节部位损伤的包扎。

(3)三角巾：较常见的三角巾展开状态为底边135厘米、两斜边均为93厘米的等腰三角形，有顶角、底边、斜边与两个底角。在使用过程中可以根据具体情况将三角巾折叠成条形、燕尾式、环状或以原形进行包扎。

(4)胶带：具有多种宽度，呈卷状，用于固定绷带及敷料。如对一般胶带过敏，则应采用纸制胶带。

(5)就地取材：干净的衣物、手帕、毛巾、床单、领带、围巾等均可作为临时性的包扎材料。

### (三)包扎方法

1. 尼龙网套及自粘创可贴包扎

这是新型的包扎材料，应用于表浅伤口、头部及手指伤口的包扎。现场使用方便、有效。

尼龙网套具有良好的弹性，使用方便。头部及肢体均可用其包扎。先用敷料覆盖伤口并固定，再将尼龙网套套在敷料上。

创可贴透气性良好，具有止血、消炎、止疼、保护伤口等作用，使用方便，效果佳。选择大小合适的创可贴，除去包装，将中央部位对准伤口贴上即可。

2. 绷带包扎

(1)环行包扎：这是绷带包扎中最常用的方法，用于绷带包扎的起始和结束，也适用于肢体粗细较均匀处伤口的包扎(图 4-19)。操作步骤如下：

①伤口用无菌或干净的敷料覆盖，固定敷料。

②将绷带打开，第一圈环绕稍作斜状，大致倾斜 45°，并将第一圈斜出一角压入环形圈内环绕第二圈。

③加压绕肢体缠绕 4~5 圈，每圈盖住前一圈，绷带缠绕范围要超出敷料边缘。

④最后将多余的绷带剪掉，用胶布粘贴固定，也可将绷带尾端从中央纵行剪成两个布条，然后打结。

(2)螺旋包扎：此法适用于肢体粗细均匀的部位(图 4-20)，对于前臂及小腿，由于肢体上下粗细不均匀，采用螺旋反折包扎效果会更好。操作步骤如下：

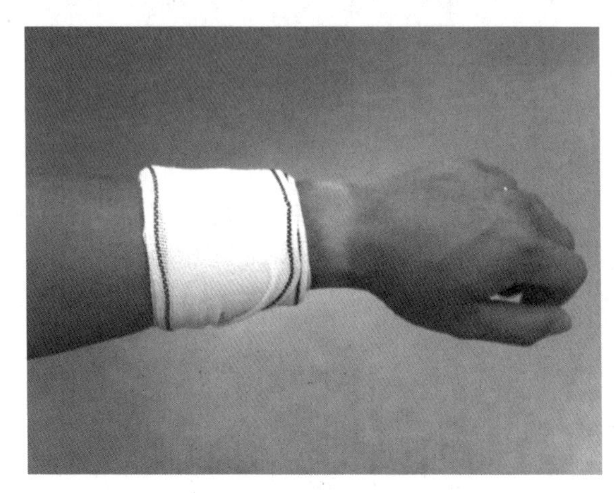

图 4-19　环形包扎

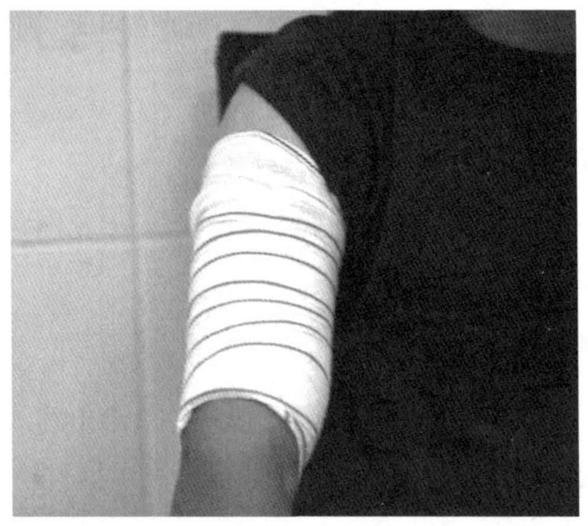

图 4-20　螺旋包扎

①伤口用无菌或干净的敷料覆盖，固定敷料。

②先按环形法缠绕两圈。

③从第三圈开始新缠绕的每一圈盖住上一圈 1/3 或 1/2，呈螺旋形。

④最后以环形包扎结束。

注意：包扎时应用力均匀，由内而外扎牢。包扎完成时，应将盖在伤口上的敷料完全遮盖。

(3)螺旋反折包扎：此法适用于肢体上下粗细不均匀的部位(图 4-21)，如前臂、小腿。操作步骤如下：

①伤口用无菌或干净的敷料覆盖，固定敷料。

②先按环形法缠绕两圈。

③然后将每圈绷带反折，盖住上一圈 1/3 或 2/3。依次由下而上地缠绕。

④折返时，按住绷带上面正中央，用另一只手将绷带向下折返，再向后绕并拉紧，绷带折返处应避开伤员伤口。

⑤最后以环形包扎结束。

(4)“8”字包扎：此法常用于手掌伤口的包扎(图 4-22)，也同样适用于肩、肘、膝关节、踝关节的包扎。操作步骤如下：

①伤口用无菌或干净的敷料覆盖，固定敷料。

②包扎时从腕部开始，先环行缠绕两圈。

③经手和腕“8”字形缠绕。

④最后将绷带尾端在腕部固定。

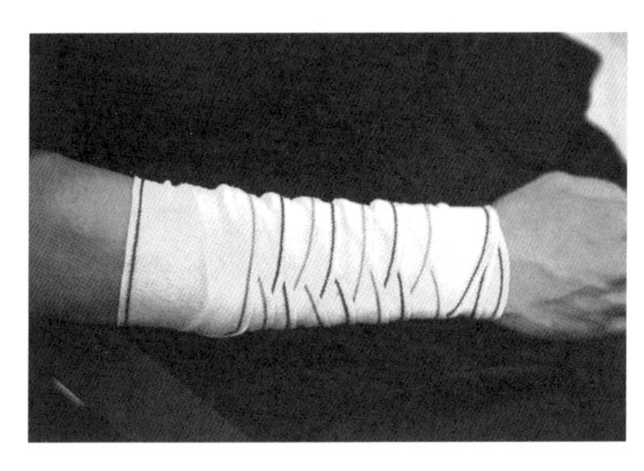

图 4-21　螺旋反折包扎

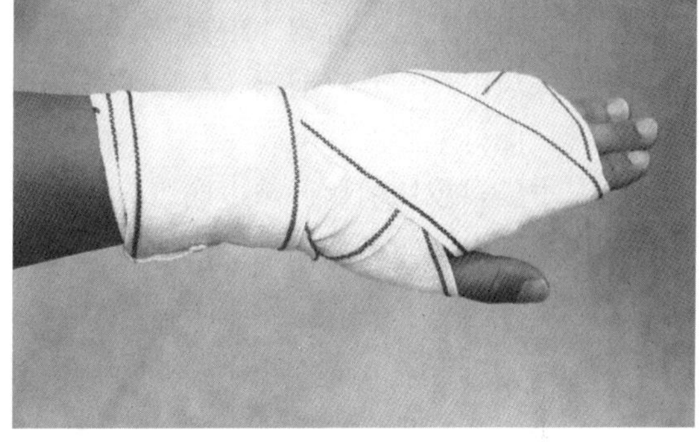

图 4-22　手掌“8”字包扎

直径不一的部位或屈曲的关节(如肘、肩、髋、膝等)包扎(图 4-23)操作步骤如下：

①伤口用无菌或干净的敷料覆盖，固定敷料。

②屈曲关节后，先做环形包扎。

③右手将绷带从右下越过关节向左上包扎，绕过后面，再从右上(近心端)越过关节向左下绷扎，使呈“8”字形，每周覆盖上一周 1/3～1/2。

④最后环形包扎两周。

(5)回返包扎：此法适用于头部或断肢伤口包扎(图 4-24)。操作步骤如下：

①伤口用无菌或干净的敷料覆盖，固定敷料。

②环形包扎两周。

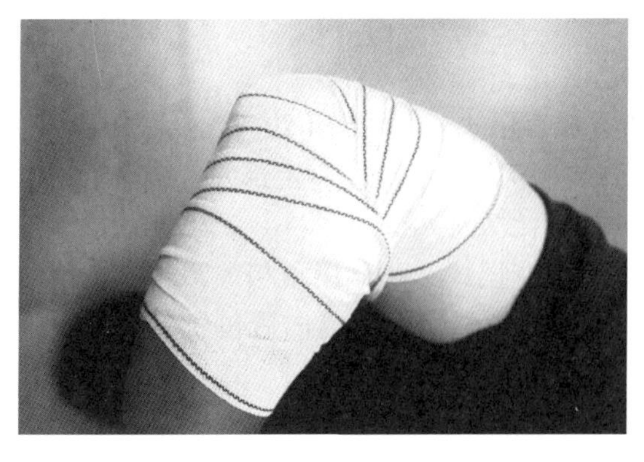

图 4-23　肘关节“8”字包扎

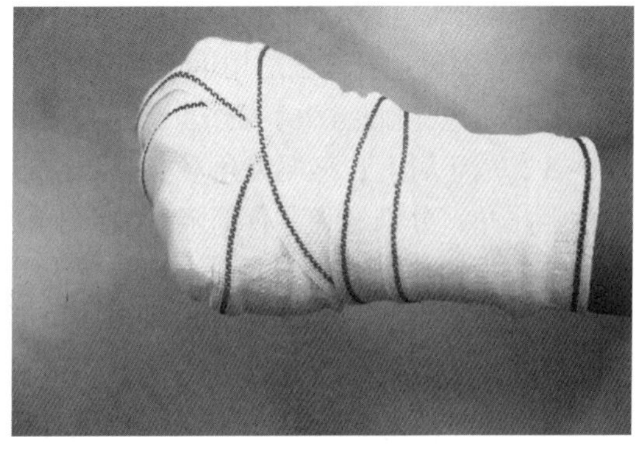

图 4-24　回返包扎

③右手将绷带向上反折与环形包扎垂直，先覆盖残端中央，再交替覆盖左右两边，随后左手固定住反折部分，每周覆盖上一周 1/3～1/2。

④再将绷带反折环形包扎 2 周固定。

3. 三角巾包扎

三角巾包扎主要用于较大创面不便于用绷带包扎的伤口包扎和止血，如头、肩膀、躯干等部位。

(1)头顶帽式包扎：此法主要用于头顶部伤口的包扎(图 4-25)，操作步骤如下：

①将三角巾底边反折约 3 指宽。

②将底边中点部分放前额，与眉平齐，顶角拉至头后，将两角在头后交叉，再拉至前额伤口另一侧打结固定。

③左手虎口按住前额三角巾底边，右手拉住顶角适当用力将三角巾拉紧，将顶角向上反折数次后塞进两角交叉处。

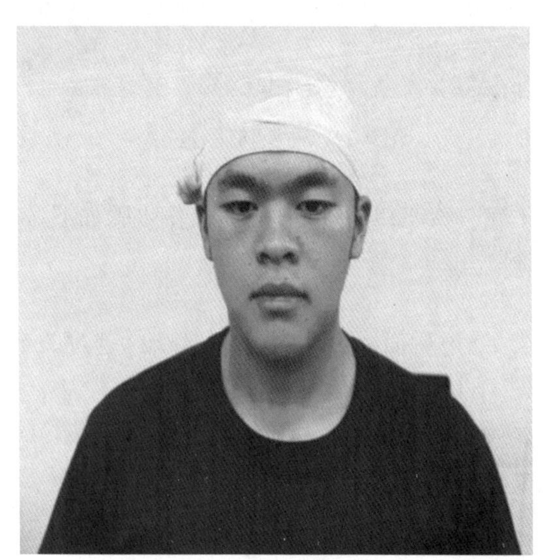
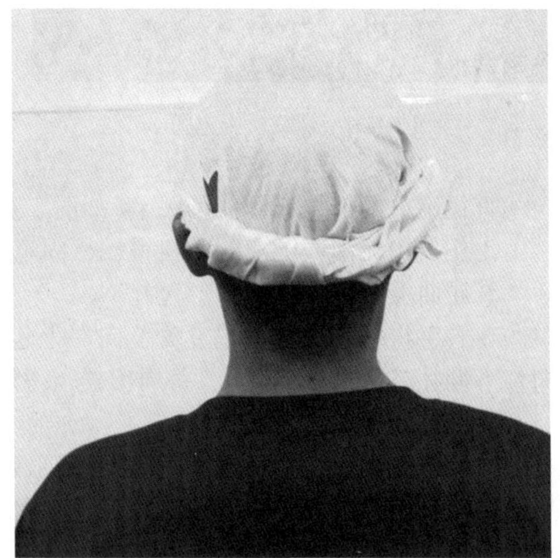

图 4-25　头顶帽式包扎

(2)肩部包扎：该法适用于肩部伤口的包扎。

①单肩包扎(图 4-26)操作步骤：三角巾折叠成燕尾式，燕尾夹角约 90°，大片在后压住小片，放于肩上；燕尾夹角对准伤侧颈部；燕尾底边两角包绕上臂上部并打结固定；拉紧两燕尾角，分别经胸、背部至对侧，于腋前或腋后线处打结。

②双肩包扎(图 4-27)操作步骤：三角巾折叠成燕尾式，两燕尾角相等，燕尾夹角约 100°；披在双肩上，燕尾夹角对准颈后正中部；燕尾角过肩，由前向后包肩于腋前或腋后，与燕尾底边打结。

(3)胸部包扎：该法适用于胸背部伤口的止血包扎。

①双侧胸部包扎(图 4-28)操作步骤：三角巾折叠成燕尾式，两燕尾角相等，燕尾夹角约 100°；置于胸前，夹角对准胸骨上凹；两燕尾角过肩于背后，将燕尾顶角系带，围

胸与底边在背后打结；将一燕尾角系带拉紧绕横带后上提，再与另一燕尾角打结；背部包扎时，把燕尾巾调到背部即可。

②单侧胸部包扎(图 4-29)操作步骤：将三角巾展开，顶角放在伤侧肩上；底边向上反折置于胸部下方，并绕胸至背的侧面打结；将顶角拉紧，顶角系带穿过打结处上提系紧。

图 4-26　单肩包扎

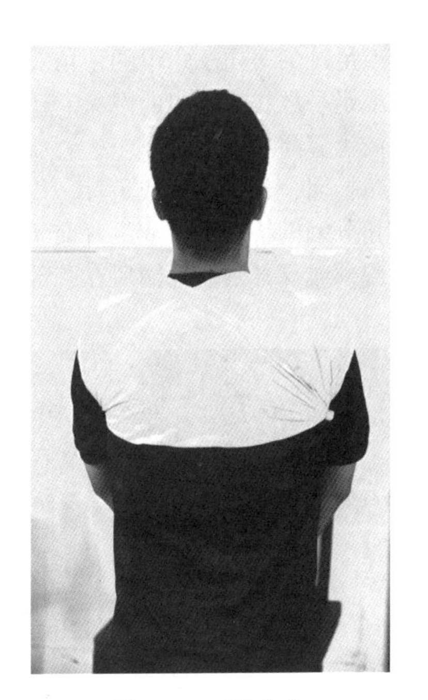

图 4-27　双肩包扎

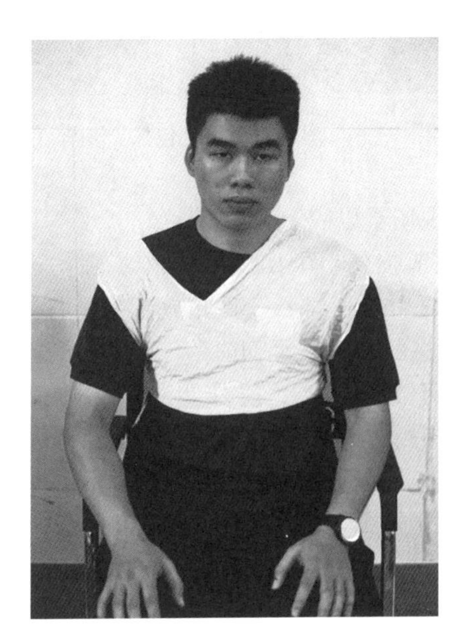

图 4-28　双侧胸部包扎

图 4-29　单侧胸部包扎

(4)腹部包扎：该法适用于腹部伤口的止血包扎(图 4-30)。操作步骤如下：

①三角巾底边向上、顶角向下横放在腹部，顶角对准两腿之间。

②两底角围绕腹部至腰后打结。

③顶角由两腿间拉向后面，与两底角连接处打结。

(5)手足包扎：该法适用于手足部伤口的止血包扎(图 4-31)。操作步骤如下：

①三角巾展开。

②手指或足趾尖对向三角巾的顶角。

③手掌或足平放在三角巾的中央。

④指缝或趾缝间插入敷料。

⑤将顶角折回，盖于手背或足背。

⑥两底角分别围绕到手背或足背交叉。

⑦再在腕部或踝部围绕一圈后在腕部背侧或踝部前方打结。

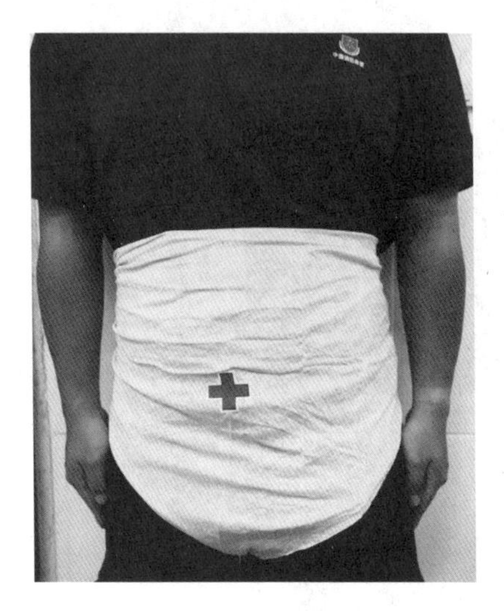

图 4-30　腹部包扎

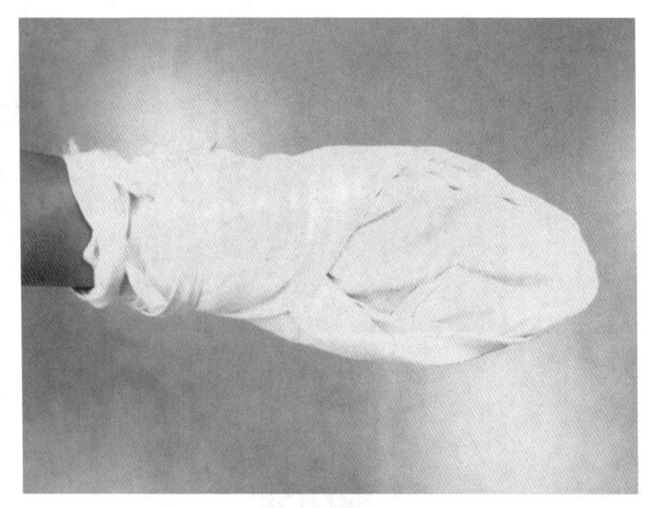

图 4-31　手足包扎

(6)悬臂带：该法适用于怀疑上肢骨折，现场予以固定者。

①小悬臂带：用于上臂骨折及上臂、肩关节损伤(图 4-32)，操作步骤：三角巾折叠成适当宽的条带；三角巾中央放在前臂的下 1/3 处或腕部；一底角放于健侧肩上，另一底角放于伤侧肩上；两底角绕颈在颈侧方打结；将前臂悬吊于胸前。

②大悬臂带：用于前臂、肘关节等的损伤(图 4-33)，操作步骤：三角巾顶角对着伤肢肘关节，一底角置于健侧胸部过肩于背后；伤臂屈肘(功能位)放于三角巾中部；另一底角包绕伤臂反折至伤侧肩部；两底角在颈侧方打结，顶角向肘部反折，用别针固定或靠紧后掖入肘部，也可将顶角系带绕背部至对侧腋前线与底边相系；将前臂悬吊于胸。

图 4-32　小悬臂带

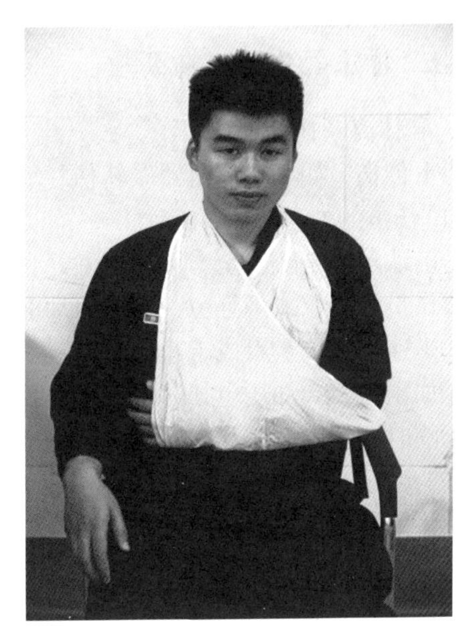

图 4-33　大悬臂带

### （四）包扎要求及注意事项

1. 包扎要求

包扎前，伤口上一定要加盖敷料。包扎时，要做到快、准、轻、牢，快，即动作敏捷迅速；准，即部位准确、严密，不遗漏伤口；轻，即动作轻柔，不要碰撞伤口，以免增加伤患者的疼痛和出血；牢，即包扎牢靠，不可过紧，以免影响血液循环和压迫神经，也不能过松，以免纱布脱落。

2. 包扎注意事项

（1）做每项操作时，都要确认现场环境是否安全，只有现场环境安全才可以进行救护。

（2）做好个人防护，戴好医用手套，如现场无手套，可用敷料、干净布片、塑料袋作为隔离层。如必须用裸露的手进行伤口处理，在处理完成后，用肥皂清洗手。

（3）脱去或剪开衣服，暴露伤口，检查伤情，防止污染伤口。

（4）较大伤口不要用水冲洗（烧烫伤、化学伤除外），不要在伤口上用消毒剂或药物。

（5）包扎好后，要观察身体远端有没有变紫、变凉，有没有浮肿等情况。打结时，不要打在伤口上方，也不要在身体背后，并避开特殊部位。

（6）不要对嵌有异物或骨折断端外露的伤口直接包扎，不要试图复位突出伤口的骨折端。

（7）在没有绷带而必须包扎的情况下，可用毛巾、手帕、床单（撕成窄条）、长筒尼龙袜子等代替绷带包扎。

（8）包扎四肢时，应从远心端向近心端进行。

### (五)特殊创伤的现场处理

1. 肢体离断伤处理

严重创伤，如车祸、机器碾轧伤、绞伤等，可造成肢体离断，伤员伤势较重。

(1)伤员的处理方法：

①确认环境是否安全，救护员做好自我防护。

②伤员取坐位或平卧位，迅速启动EMSS。

③迅速用大块敷料或干净的毛巾、手帕覆盖伤口，并用绷带回返式包扎伤口。

④如出血多，加压包扎达不到止血目的，可用止血带止血。

⑤临时固定伤肢，如上肢离断，采用大悬臂带悬吊伤肢，随时观察伤员生命体征。

(2)离断肢体的处理方法：

①将离断肢体用干净的敷料或布包裹，也可装入塑料袋中再包裹。将包裹好的断肢放入塑料袋中密封。

②再放入装有冰块的塑料袋中，交给医务人员。

③断肢不能直接放入水中、冰中，也不能用酒精浸泡，应将断肢放入2~3℃的环境中。

2. 伤口异物处理

伤口表浅异物可以去除，然后用敷料包扎伤口；如果较大的异物(尖刀、钢筋、竹棍、木棍、玻璃等)扎入机体深部，不要拔除，因为可能引起血管、神经或内脏的再损伤或大出血。具体处理方法如下：

(1)确认环境是否安全，救护员做好自我防护。

(2)伤员取坐位或卧位，迅速拨打“120”急救电话。

(3)用两个绷带卷(或用毛巾、手帕、布料等做成布卷代替)沿肢体或躯干纵轴，左右夹住异物。

(4)用两条宽带围绕肢体或躯干固定布卷及异物，先固定异物下方，再固定异物上方。

(5)在三角巾适当部位穿洞，套过异物暴露部位，包扎。

(6)将伤员置于适当体位，随时观察生命体征。

3. 腹部内脏脱出处理

如发现腹部有内脏脱出，不要将脱出物送回腹腔，以免引起腹腔感染。具体处理方法如下：

(1)确认环境是否安全，救护员做好自我防护。

(2)伤员仰卧屈膝位，迅速拨打“120”急救电话。

(3)可用保鲜膜或干净湿敷料覆盖外溢的内脏。

(4)用三角巾做环形圈，圈的大小以能将腹内脱出物环套为宜，将环形圈环套脱出物。

(5)选大小适合的碗(盆)扣在环形圈上方。

(6)用三角巾腹部包扎。

(7)伤员双膝间加衬垫，固定双膝，膝下垫软垫(可用书包、枕头、衣服替代)。

(8)观察伤员意识、呼吸、脉搏，保持其呼吸道通畅。

## 三、骨折固定

骨由于受直接外力(撞击、机械碾伤)、间接外力(外力通过传导、杠杆、旋转和肌肉收缩)、积累性劳损(长期、反复、轻微的直接或间接损伤)等因素的作用，其完整性和连续性发生改变，称为骨折。

骨折是人们在事故、生产、生活中常见的损伤。为了避免骨折的断端对血管、神经、肌肉及皮肤等组织的损伤，减轻伤员的痛苦，以及便于搬动与转运伤员，凡发生骨折或怀疑有骨折的伤员，均必须在现场立即采取骨折临时固定措施。

### (一)骨折的类型和骨折的判断

1. 骨折的类型

(1)根据骨折处皮肤、黏膜的完整性，可分为：

闭合性骨折：骨折处皮肤或黏膜完整，骨折端不与外界相通。

开放性骨折：骨折处皮肤或黏膜破裂，骨折端与外界相通。

(2)根据骨折的程度分类，可分为：

完全性骨折：骨的完整性和连续性全部被破坏或中断。骨断裂成三块以上碎块时，又称为粉碎性骨折。

不完全性骨折：骨未完全断裂，仅部分骨质破裂，如裂缝、凹陷、青枝骨折。

嵌顿性骨折(嵌插骨折)：断骨两端互相嵌在一起。

2. 骨折的判断

(1)疼痛：突出表现为剧烈疼痛，受伤处有明显的压痛点，移动时有剧痛，安静时疼痛减轻。根据疼痛的轻重和压痛点的位置，可以大体判断骨折的部位。无移位的骨折只有疼痛没有畸形，但局部可有肿胀和血肿。

(2)肿胀或瘀斑：出血和骨折端的错位、重叠，都会使外表呈现肿胀现象，瘀斑严重。

(3)功能障碍：原有的运动功能受到影响或完全丧失。

(4)畸形：骨折时肢体会发生畸形，呈现短缩、成角、旋转等。

(5)血管、神经损伤：上肢损伤检查桡动脉有无搏动，下肢损伤检查足背动脉有无搏动。触压伤员的手指或足趾，询问有无感觉，手指或足趾能否自主活动。

### (二)骨折固定材料和原则

1. 骨折固定材料

(1)颈托：为颈部固定装置。将受伤颈部尽量制动，保护受伤的颈椎免受进一步损害，防止损伤的颈椎伤及脊髓。若现场无颈托，可将毛巾、衣物等卷成卷，内衬报纸、杂志等，从颈后向前围于颈部。自制颈托粗细以围于颈部后限制下颌活动为宜。

(2)脊柱板、头部固定器：脊柱板由一块纤维板或木板构成，长约180厘米，板四周有相对的孔用于固定带的固定、搬运。应用脊柱板时要配合使用颈托、头部固定器及固定带，适用于脊柱受伤的伤员(图 4-34)。若无脊柱板，可用表面平坦的木板、床板，以大小超过伤员的肩宽和人体高度为宜，配有绷带及布带用于固定。

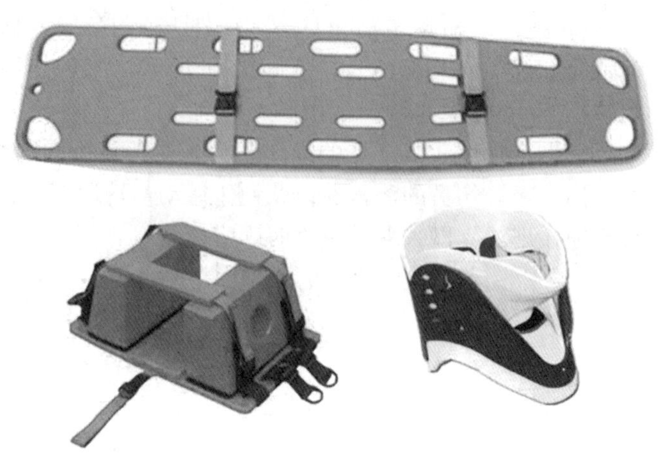

图 4-34　脊柱板、头部固定器及颈托

(3)夹板：四肢各部位夹板分为上臂、前臂、大腿、小腿的固定板，并带有衬垫和固定带。小夹板用于肢体的骨折固定，对肢体不同部位的骨折有不同型号的组合夹板，对局部皮肤肌肉损伤小。若现场无夹板，可就地取材，采用木板、树枝、书本、杂志、硬纸板、雨伞等作为临时夹板。如无任何物品，亦可将伤肢固定于伤员躯干或健肢上。

(4)敷料：有两种敷料，一种是作衬垫用的，如棉花、衣服、布；另一种是用来绑夹板的，如三角巾、绷带、腰带等，绝对禁止使用铁丝之类东西。

2. 骨折固定原则

确保现场环境安全，如果现场存在潜在危险，要将伤员转移至安全区域后再固定伤肢，救护员做好自我防护。

(1)首先检查伤员意识、呼吸、脉搏，以及处理严重出血。

(2)用绷带、三角巾、夹板固定受伤部位，夹板的长度应至少超过骨折处上下两关节。

(3)骨断端暴露后，不要拉动，不要送回伤口内，开放性骨折现场不要冲洗，不要涂药，应该先止血、包扎，再固定。

(4)固定伤肢后，如果情况允许，应将伤肢抬高。

(5)暴露肢体末端，以便观察血液循环。

(6)注意保暖，预防休克。

## (三)骨折固定方法

1. 上臂骨折固定

上臂骨折由摔伤、撞伤和击伤所致。上臂肿胀、淤血、疼痛，有移位时出现畸形，上股活动受限。桡神经紧贴肱骨干，易发生损伤。固定时，骨折处要加厚垫保护以防止桡神经损伤。

(1)夹板固定(图 4-35)，步骤如下：

①取两块夹板，一块夹板放于上臂外侧，从肘部到肩部，另一块放于上臂内侧，从肘部到腋下。

②放衬垫。

③用绷带或三角巾固定骨折部位的上、下两端，屈肘位用小悬臂带悬吊前臂。

④指端露出，检查末梢血液循环。

(2)纸板固定：现场如无小夹板和木板，可用纸板或杂志、书本代替。步骤如下：

①将折叠成适当宽度及长度的纸板或杂志分别放于上臂的内、外两侧。

②伤肢与固定物间加衬垫。

③用布带捆绑，可起到暂时固定作用。

④固定后，同样以屈肘位悬吊前臂。

⑤指端露出，检查末梢血液循环。

(3)躯干固定：现场无夹板或其他可利用物时，可将伤肢固定于躯干(图 4-36)。

①伤员取屈肘位，用大悬臂带悬吊伤肢。

②伤肢与躯干之间加衬垫。

③用宽带(超骨折上、下两端)将伤肢固定于躯干。

④检查末梢血液循环。

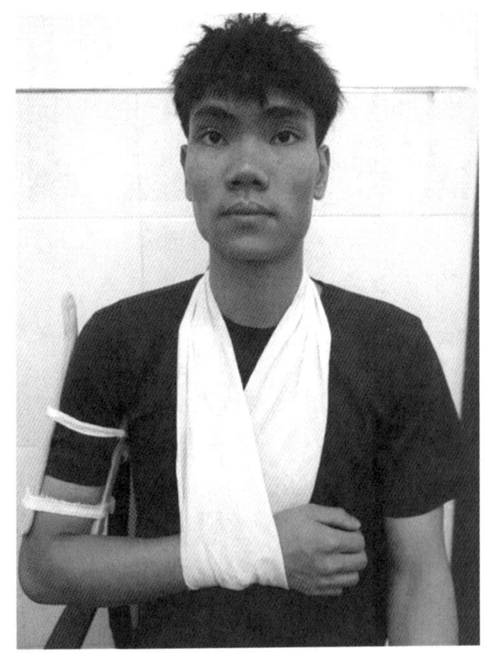

图 4-35　上臂夹板固定

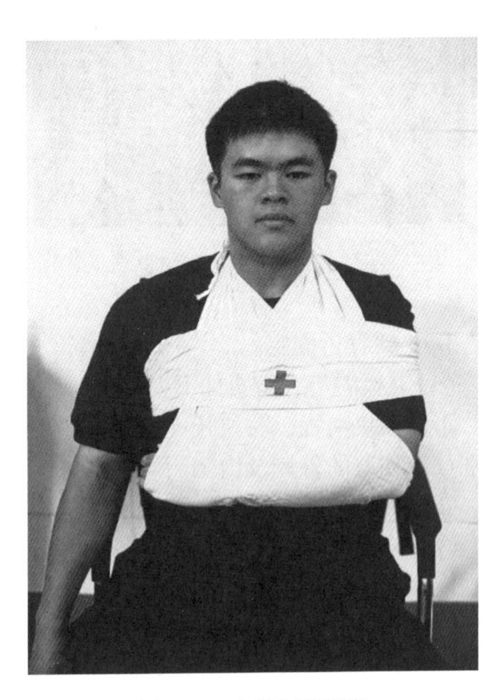

图 4-36　上臂躯干固定

2. 前臂骨折固定

(1)夹板固定(图 4-37)，步骤如下：

①取两块木板固定。

②将木板分别置于前臂的外侧、内侧，加用三角巾或绷带捆绑固定。

③屈肘位用大悬臂带将伤肢悬吊于胸前。

④指端露出，检查末梢血液循环。

(2)杂志、书本等固定，步骤如下：

①可用杂志、书本垫于前臂下方或外侧超肘关节和腕关节，用布带捆绑固定。

②屈肘位用大悬臂带将伤肢悬吊于胸前。

③指端露出，检查末梢血液循环。

(3)衣服固定(图 4-38)：用衣服托起伤肢，将伤肢固定于躯干。

图 4-37　前臂夹板固定

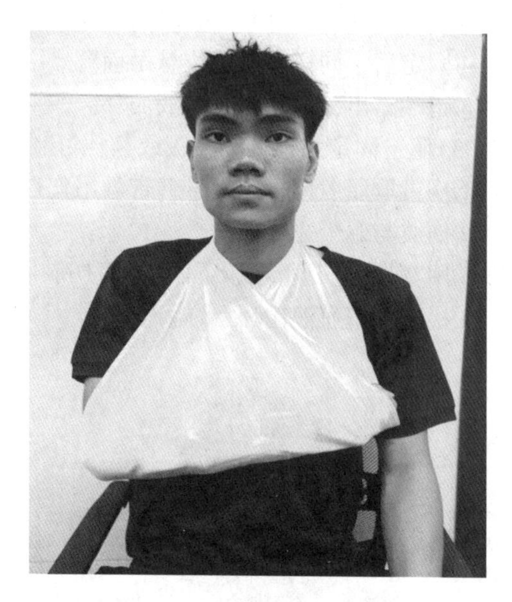

图 4-38　衣服固定

3. 小腿骨折固定

(1)夹板固定，步骤如下：

①取两块夹板，一块长夹板从伤侧髋关节到外踝，一块短夹板从大腿根内侧到内踝，分别放于伤肢的外侧及内侧。

②在关节、踝关节骨突部放衬垫保护，空隙处用柔软物品垫实。

③ 5 条宽带固定。先固定骨折上、下两端，然后固定膝关节、大腿。

④“8”字法固定足踝。

⑤趾端露出，检查末梢血液循环。

(2)健侧肢固定：与大腿骨折固定相同，可用 4 条宽带或三角巾固定，先固定骨折上、下两端，然后固定大腿，踝关节用“8”字法固定(图 4-39)。

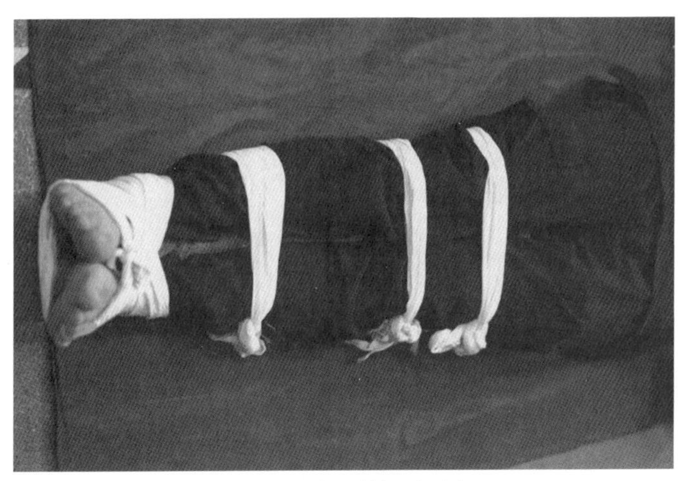

图 4-39　小腿健侧肢固定

4. 大腿骨折固定

(1)夹板固定，步骤如下：

①取两块夹板，一块长夹板从伤侧腋窝到外踝，一块短夹板从大腿根部内侧到内踝，分别放于伤腿的外侧及内侧。

②在腋下、膝关节、踝关节骨突部放棉垫保护，空隙处用柔软物品填实。

③用 7 条宽带固定。依次固定骨折上、下两端，然后固定腋下、腰部、髋部、小腿、踝部。

④如只有一块木板，则放于伤腿外侧，从腋下到外踝。

⑤内侧木板用健侧肢代替，两下肢之间加衬垫，固定方法同上。

⑥"8"字法固定足踝。将宽带置于踝部，环绕足背交叉，再经足底中部回至足背，在两足背间打结。

⑦趾端露出，检查末梢血液循环。

(2)健侧肢固定，步骤如下：

①用三角巾、绷带、布带等 4 条宽带自健侧肢体膝下、踝下穿入，将双下肢固定在一起。

②两膝、两踝及两腿间隙之间垫好衬垫，依次固定骨折上下两端、小腿、踝部，固定带的结打在健侧肢体外侧。

③"8"字法固定足踝。

④趾端露出，检查末梢血液循环。

5. 脊柱骨折的处理

脊柱骨折可发生在颈椎和胸腰椎。骨折部移位可压迫脊髓造成截瘫、大小便失禁。因此，对没把握实施准确急救措施的人员而言，不要轻易移动患者，拨打急救电话，等待救援。

6. 开放性骨折的处理

(1)将敷料覆盖外露骨及伤口。

(2)在伤口周围放置环形衬垫，用绷带包扎固定。

(3)夹板或健侧肢、躯干固定骨折部位。

(4)如出血多，则需要使用止血带。

(5)不要将外露骨还纳，以免污染伤口深部，造成血管、神经再损伤。

(6)禁止用水冲洗，不涂药物，保持伤口清洁。

#### (四)骨折固定注意事项

(1)凡疑有骨折的伤员，都应按骨折处理。

(2)除有生命危险，如面临爆炸、起火、有毒气体、淹溺等以外，均应就地抢救。

(3)有大出血时，应先止血、包扎，然后固定骨折部位。

(4)发现伤员休克或昏迷时，应先抢救生命，然后再处理骨折。

(5)骨折固定时，不要盲目复位，以免加重损伤程度。

(6)为使固定妥帖稳当和防止突出部位的皮肤磨损，在骨突处要用棉花或布块等软物垫好，夹板等固定材料不要直接接触皮肤。

(7)捆绑的松紧要适度，过松容易滑脱失去固定作用，过紧则会影响血液循环。固定时，应外露指(趾)尖，以便观察血流情况，如发现指(趾)尖苍白或青紫，可能是固定包扎过紧，应放松重新包扎固定。

### 四、搬运与护送

一般来说，如果现场环境安全，救护应尽量在现场进行，在救护车到来之前，为挽救生命、防止伤病恶化争取时间。只有在现场环境不安全，或是受局部环境条件限制，无法实施救护时，才可搬运伤员。搬运和护送伤员应根据救护员、伤员的情况以及现场条件，采取安全和适当的措施。

#### (一)搬运护送的目的和原则

1. 搬运护送的目的

(1)使伤员尽快脱离危险区。危险区的危险因素包括：可能发生起火、爆炸或有较浓的烟雾；有电击伤的可能；有害物质出现泄漏；自然灾害可能随时发生；交通事故现场有过往车辆；建筑物有倒塌的可能；环境过冷或过热；其他未知的危险因素。

(2)改变伤员所处的环境以利抢救。不利环境因素包括：伤员所处的地点狭窄；伤员被困在狭小空间内(如汽车车厢内)；伤员所处位置妨碍对其他伤员的救护；需要将伤员搬运至硬的平面进行心肺复苏。

(3)安全转送医院进一步治疗。

2. 搬运护送原则

(1)搬运应有利于伤员的安全和进一步救治，根据伤员的情况和现场条件选择适当的搬运方法。

(2)搬运前，应做必要的准备，应先止血、包扎、固定。

(3)搬运动作要轻、迅速，避免给伤员造成二次损伤。

搬运过程中注意观察伤员伤情变化，如遇有伤情恶化的情况，应及时采取救护措施。

### (二)搬运护送方法

常用的搬运方法有徒手搬运和器材搬运。应根据伤员伤病情况和运送距离选择适当的搬运方法。徒手搬运法适用于伤病较轻、无骨折、转运路程较近的伤员；使用器材搬运适用于伤病较重，不宜徒手搬运，且转运路程较远的伤员。

1. 徒手搬运

(1)单人徒手搬运，分为以下五种方法：

①扶行法：适用于搬运单侧下肢有轻伤但没有骨折，两侧或一侧上肢没有受伤，在救护员帮助下能行走的伤员(图 4-40)。具体做法：救护员站在伤员没有受伤的上肢一侧，将伤员的上肢从救护员颈后绕到肩前；救护员用一只手抓住自己肩前伤员的手，用另一只手扶住伤员的腰部；救护员搀扶伤员行走。

②背负法：适用于搬运意识清醒、老弱或年幼、体形较小、体重较轻，两侧上肢没有受伤或仅有轻伤，没有骨折的伤员(图 4-41)。具体做法：救护员背向伤员蹲下，让伤员将双臂环抱于救护员的胸前，双手紧握；救护员用双手抓住伤员的大腿，慢慢站起，然后前行。

图 4-40　扶行法

图 4-41　背负法

③抱持法：适用于搬运年幼体轻、伤病较轻或只有手足部骨折的伤员(图 4-42)。具体做法：救护员蹲在伤员的一侧，面向伤员；救护员将一侧手臂放人伤员的大腿下，用另一侧手臂环抱伤员的背部；将伤员轻轻抱起，然后前行。

④拖行法：适用于在现场环境危险的情况下，搬运不能行走的伤员。

腋下拖行法：将伤员的手臂横放于胸前；救护员的双臂置于伤员的腋下，双手抓紧伤员对侧手臂；将伤员缓慢向后拖行(图 4-43)。

图 4-42　抱持法

图 4-43　腋下拖行法

衣服拖行法：将伤员外衣扣解开，衣服从背后反折，中间段托住颈部和头后；救护员抓住垫于伤员头后的衣服缓慢向后拖行。

毛毯拖行法：将伤员放在毛毯上或用毛毯、被单、被罩等将伤员包裹，救护员拉住毛毯、被单、被罩等缓慢向后拖行。

⑤爬行法：适用于在空间狭窄或有浓烟的环境下，搬运两侧上肢没有受伤或仅有轻伤的伤员(图 4-44)。具体做法：救护员用布带将伤员双腕捆绑于胸前；救护员骑跨于伤员的躯干两侧，将伤员的双手套在救护员颈部；救护员用双手着地，或一只手保护伤员头颈部，另一只手着地；救护员抬头使伤员的头、颈、肩部离开地面，拖带伤员前行。

图 4-44　爬行法

注意：上述方法不适用于可能有脊柱损伤的伤员。

(2)双人徒手搬运，具体分为以下三种：

①轿杠式：适用于搬运无脊柱、骨盆及大腿骨折，能用双手或一只手抓紧救护员的伤员(图 4-45)。具体做法：两名救护员面对面各自用右手握住自己的左手腕，再用左手握住对方右手腕；救护员蹲下，让伤员将两上肢分别(或一侧上肢)放到救护员的颈后(或背后)，再坐到相互握紧的手上；两名救护员同时站起，行走时同时迈出外侧的腿，保持步调一致。

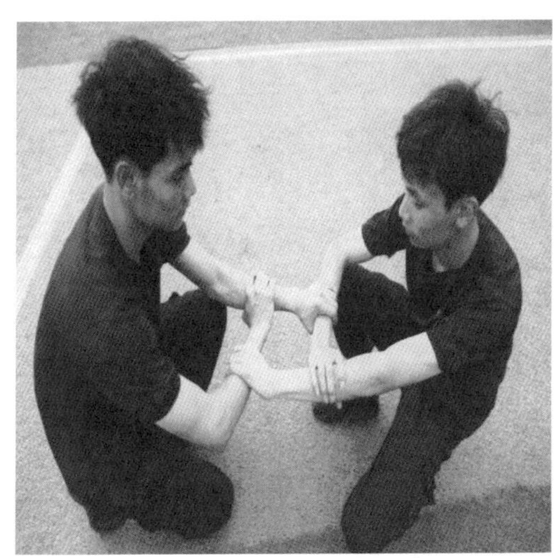

图 4-45　轿杠式

②椅托式：适用于搬运无脊柱、骨盆及大腿骨折，清醒但体弱的伤员(图 4-46)。具体做法：两名救护员面对面，各自伸出相对的一只手，并互相握紧对方手腕；救护员蹲下，让伤员坐到相互握紧的两手上，其余两手在伤员背后交叉后，抓住伤员的腰带；两名救护员同时站起，行走时同时迈出外侧的腿，保持步调一致。

图 4-46　椅托式

③拉车式：适用于在狭窄地方搬运无上肢、脊柱、骨盆及下肢骨折的伤员，或用于将伤员移上椅子、担架(图 4-47)。具体做法：1)扶伤员坐起，将伤员的双臂横放于胸前；2)一名救护员在伤员背后蹲下，将双臂从伤员腋下伸到其胸前，双手抓紧伤员的前臂；3)另一名救护员在伤员腿旁蹲下，将伤员两足交叉，用双手抓紧伤员的踝部(或用一只手抓紧踝部，腾出另一只手拿急救包)；4)两名救护员同时站起，一面一后地行走；5)另一名救护员也可蹲在伤员两腿之间，双手抓紧伤员膝关节下方两名救护员同时站起，一前一后地行走。

图 4-47　拉车式

(3)3 人徒手搬运(图 4-48)，具体做法：

①3 名救护员单膝跪在伤员一侧，分别在肩部、腰部和膝踝部将双手伸到伤员对侧，手掌向上抓住伤员。

②由中间的救护员指挥，3 人协调动作，同时用力，保持伤员的脊柱为一轴线平稳抬起，放于救护员大腿上。

③救护员协调一致将伤员抬起。如将伤员放下，可按相反的顺序进行。

2. 担架搬运

担架是运送伤员最常用的工具，担架种类很多。一般情况下，肢体骨折或怀疑脊柱受伤的伤员都需要用担架搬运，可使伤员安全，避免加重损伤。

(1)常用担架，有如下几种：

①折叠铲式担架：担架双侧可打开，将伤员铲入担架，常用于脊柱损伤、骨折伤员的现场搬运。

②脊柱板：常用于脊柱损伤、骨折伤员的现场搬运。

③帆布担架：适用于无脊柱损伤、无骨盆或髋部骨折的伤员。

④篮式担架：搬运被困人员时，被困人员置于担架内，担架四周“突起”的边缘配合正面的扁带将被困人员“封闭”在担架内部。这样不会因担架的位移(如翻转、摇晃)而使

图 4-48　三人徒手搬运

被困人员脱离担架。

⑤卷式担架：卷式担架与篮式担架在使用上相似，但重量更轻（8～12 千克）且可以卷缩在滚筒或背包中携带。

⑥自制担架：可用门板等制作木板担架，用于脊柱损伤和骨折伤员搬运；也可用床单、被罩、雨衣等作担架，适用范围同帆布担架。

（2）担架搬运方法：担架搬运需 3 人及 3 人以上，如图 4-49 所示，具体做法：

①搬运者 3 人并排单腿跪在伤员身体一侧，同时分别把手臂伸入伤员的肩背部、腹臀部、双下肢的下面，然后同时起立，始终使伤员的身体保持水平位置，不得使身体扭曲。

②起立、行走、放下等搬运过程，需第四人或者搬运者 3 人中指定一人，担任指挥者，发布口令。

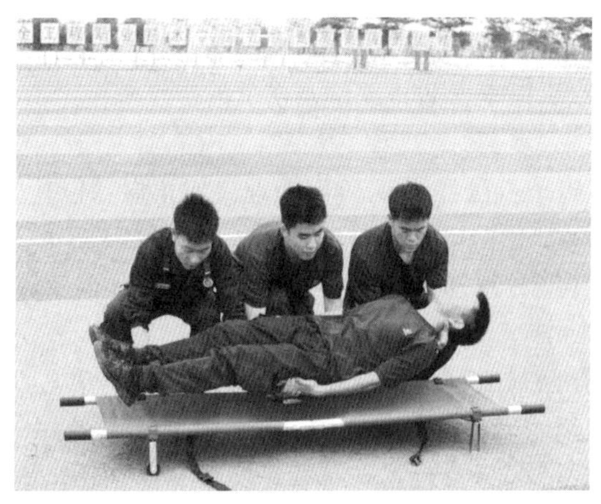
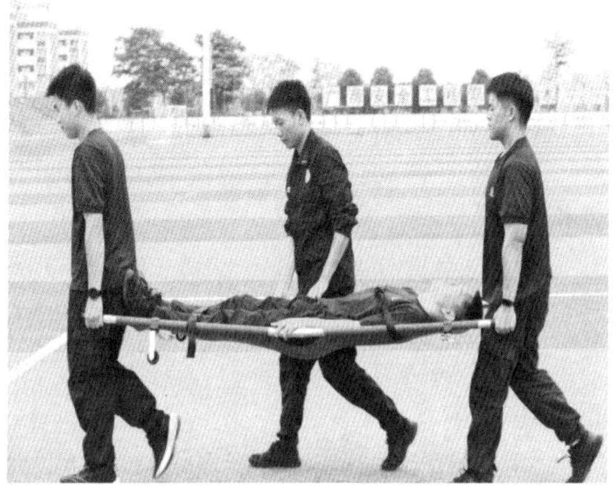

图 4-49　担架搬运方法

③口令发出后，3 人同时抬起伤员的肩背部、腹臀部、双脚，3 人同时迈步，并同时将伤员放在硬板担架上。发生或怀疑颈椎损伤者应再有一人专门负责牵引、固定头颈部，

不得使伤员头颈部前屈后伸、左右摇摆或旋转。3人动作必须一致，同时平托起伤员，再同时放在担架上。

④系好担架的保险带。

⑤两人抬担架，其中一人在伤者一侧，随时伤者伤情。担架员步伐要交叉，即前者先跨左脚时，后者应先跨右脚，上坡时，伤者头在前；下坡时，伤者头在后，并时常观察伤者情况。

3. 脊柱损伤的伤员搬运

脊柱骨折容易损伤脊髓或神经根，搬运脊柱骨折伤员时，如果方法不当，将增加伤员受伤脊柱的弯曲，使失去脊柱保护的脊髓受到挤压、抻拉损伤，轻者可能造成截瘫，重者可因高位脊髓损伤，导致呼吸功能丧失而立即死亡。

对疑有脊柱骨折的伤员，均应按脊柱骨折处理，不能活动和负重，不要随意翻身、扭曲。搬运时，应多人用手分别托住伤员的头、颈、肩、臀和下肢，动作一致地将伤员托起，平放在脊柱板上。在搬运过程中动作要轻柔、协调，防止躯干扭转。绝不可进行一人抱头、一人抱脚"不一致"搬动。

若伤员疑有颈椎骨折，应由专人固定头部，使其与躯干轴线一致，防止摆动和扭转，然后按脊椎伤员平抬搬运，戴颈托，固定好颈部和头部，可用衣物等垫在头和颈部的两侧，防止头、颈扭转和前屈。

注意：要用脊柱板或硬板担架搬运，绝不能用软担架抬送。

### (三)搬运护送伤员的技巧与注意事项

1. 搬运护送伤员的技巧

(1)救护员人少没有把握时，不可贸然搬动伤员。

(2)所有救护员要听从一人指挥，协同行动。

(3)救护员从下蹲到站起时，头颈和腰背部要挺直，尽量靠近伤员，用大腿的力量站起，不要弯腰，防止腰背部扭伤。

(4)救护员从站立到行走时，脚步要稳，双手抓牢，防止跌倒及伤员滑落。

2. 搬运护送伤员的注意事项

(1)需要移动伤员时，应先检查伤员的伤病是否已经得到初步处理，如止血、包扎、骨折固定。

(2)应根据伤员的伤病情况、体重、现场环境和条件、救护员的人数和体力，以及转运路程远近等做出评估，选择适当的搬运护送方法。

(3)怀疑伤员有骨折或脊柱损伤时，不可让伤员尝试行走或使伤员身体弯曲，以免加重损伤。

(4)对脊柱损伤(或怀疑损伤)的伤员要始终保持其脊柱为一轴线，防止脊髓损伤。转运要用硬担架，不可用帆布担架等软担架。

(5)用担架搬运时，必须将伤员固定在担架上，以防途中滑落。一般应头略高于脚，发生休克的伤员应脚略高于头。行进时，伤员头在后，以便观察。

(6)救护员抬担架时要步调一致，上下台阶时要保持担架平稳。

(7)用汽车运送时，伤员和担架都要与汽车固定，防止起动、刹车时加重损伤。

(8)护送途中应密切观察伤员的神志、呼吸、脉搏以及出血等伤病的变化，如发生紧急情况，应立即处理。

# 项目三　气道异物梗阻急救技术

## 一、成人及儿童气道异物梗阻急救技术

气道异物梗阻是指异物堵塞在气道内，空气无法进入肺部，造成呼吸困难，使受害者面色发绀、呼吸停止、意识模糊。常见的异物有果冻、糖果、排骨、鸡块、花生米、话梅、药片、瓜子、纽扣、硬币或小玩具等。

气道异物梗阻在生活中并不少见，由于气道堵塞后伤员无法进行呼吸，故可能致人因窒息而意外死亡。现场不进行急救，而直接送医院救治的风险较高。因此，尽早识别气道异物梗阻并实施气道异物清除术，是抢救成功的关键，梗阻超过 4 分钟就会有生命危险，即使抢救成功，也有可能因脑部长期缺氧导致失语、智力障碍、瘫痪等后遗症。

### (一)气道异物梗阻现状和表现

1. 气道异物梗阻的现状

儿童是最常见的气道异物梗阻人群。气道异物梗阻死亡率高达 2/3 左右，其中 95%发生在 5 岁以下幼儿。气道异物以食物为主，占总体的 94%。

2. 气道异物梗阻的临床表现

(1)轻度气道异物梗阻的临床表现：能呼吸，能咳嗽，有反应。

(2)重度气道异物梗阻的临床表现：不能呼吸或呼吸困难，不能咳嗽或无效咳嗽，“V”形手势，不能说话。

### (二)气道异物梗阻的常见原因

1. 饮食不慎

(1)婴幼儿和儿童，特别是 1~3 岁的儿童牙齿发育不完善，咀嚼功能差，不能嚼碎较硬食物，会厌软骨发育不成熟，喉的防御反射功能差，保护作用不健全，又有喜欢抓吃食物、口含异物的习惯，在哭闹或嬉笑时易将口腔中的异物吸入呼吸道导致梗阻。

(2)成人大多数发生在进餐时，因进食急促，特别是在摄入大块的咀嚼不全的硬质食物时，若同时大笑或说话，极易使一些食物团块滑入呼吸道引起梗阻。

(3)部分老年人可因咳嗽、吞咽的功能差，实物或活动的牙齿误入呼吸道，引起梗阻。

2. 大量饮酒

由于血液中乙醇浓度升高会导致咽喉部肌肉松弛，从而引起吞咽失灵，食物团块极易滑入呼吸道。

3. 昏迷

各种原因所致的昏迷，舌根后坠，容易出现胃内容物反流入咽部，导致阻塞或误吸入

呼吸道导致气道梗阻。

4. 其他

如企图自杀或精神疾病的患者，故意将异物送入口腔而进入呼吸道导致异物梗阻。

### （三）成人及儿童气道异物梗阻的急救流程

（1）现场评估。评估周围环境是否安全，若不安全则将伤员移动至安全区域。

（2）判断伤情。评估伤员伤情，如有无意识不清，能否站立或坐起，有无气道异物梗阻的临床表现，询问伤员气道是否被东西卡住了，判断伤员属于轻度气道异物梗阻还是重度气道异物梗阻。

（3）紧急呼救。判定发生气道异物梗阻，立即高声呼唤其他人前来帮助救人，并尽快拨打 120 急救电话。

（4）实施急救。紧急呼救后，救护员立即实施气道异物梗阻急救方法。

（5）判断效果。若看到伤员排出异物或呼吸道恢复通畅，则可判断气道异物梗阻解除。询问伤员有无不适，检查有无并发症发生，必要时转送医院接受进一步治疗。

（6）安置伤员。若排出异物，则协助伤员休息，并给予安慰，安置患者于合适的体位，促进舒适，减轻恐惧。

### （四）成人及儿童气道异物梗阻急救方法

1. 咳嗽法

咳嗽法仅适用于只表现出轻度气道梗阻症状的患者，患者能发音、说话、有呼吸、能咳嗽时，应鼓励患者自行咳嗽和用力呼吸，自主咳嗽产生的气流压力比人工咳嗽高 4～8 倍。救护员须持续观察患者情况，一旦轻度气道梗阻持续或加重为重度气道梗阻，就立即给予帮助，并启动应急反应系统。

2. 背部拍击法

如果伤员表现出重度气道梗阻的症状，但意识尚清醒，则应该迅速拨打 120 急救电话，并进行后背拍击法（图 4-50）。具体做法如下：

（1）救护员站在伤员的侧后位；

（2）用一只手扶住伤员躯干，让伤员头部前倾，低头张口；

（3）用另一只手的手掌根在伤员肩胛之间用力拍击 5 次，充分利用重力将异物驱除，拍击应快而有力，每次拍击后观察气道异物梗阻有没有消除。

3. 腹部冲击法

如背部拍击法未能解除梗阻，应立即采取腹部冲击法。腹部冲击法也叫海姆立克急救法，是 20 世纪 70 年代美国外科医生海姆立克教授发明的抢救误吸性窒息的一种急救法。腹部冲击法适用于神志清楚的患者，也适用于 1 岁以上的儿童。

（1）腹部冲击法的原理：假设肺是一个气球，气管就是气球的气嘴，也就是肺部唯一的出口。往上腹部迅速施加压力，膈肌突然上抬，胸腔的压力骤然增加，像挤压气球一样，气管和肺内的大量气体就会突然涌向气管，将异物冲出，恢复气道通畅（图 4-51）。

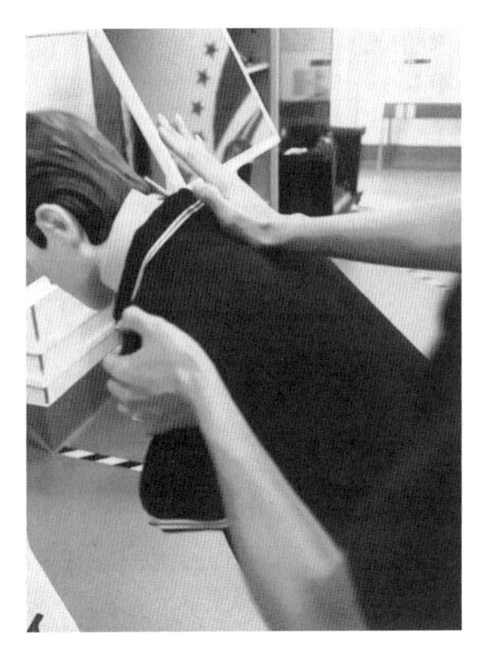

图 4-50　背部拍击法

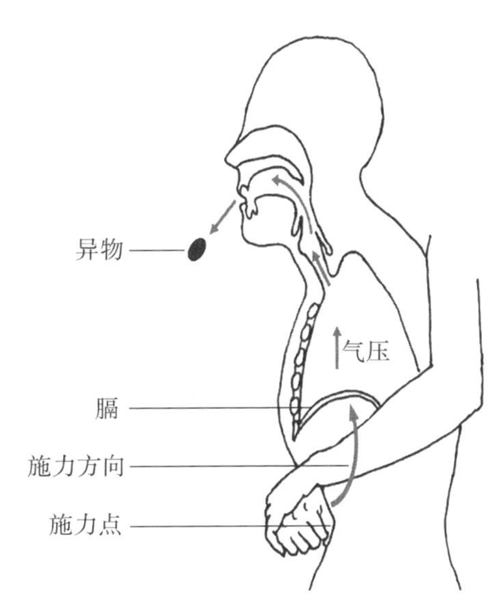


图 4-51　海姆立克急救法原理

(2)腹部冲击法实施要点如下:

①急救体位:救护员站在伤员身后，双脚一前一后站好，一只脚放于伤员两脚之间，呈弓步状，调整好重心，双臂环抱伤员上腹部，让其上身前倾，低头张口(图 4-52)。

②冲击部位:肚脐上方两横指处(图 4-53)。

图 4-52　急救体位

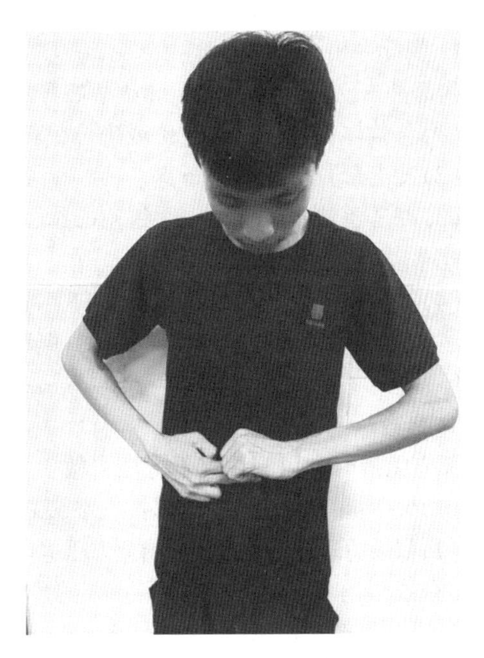

图 4-53　冲击部位

③冲击手法：救护员一手握空心拳，拳眼(拇指侧)(图 4-54)紧顶住伤员腹部正中，另一手紧握此拳(图 4-55)。

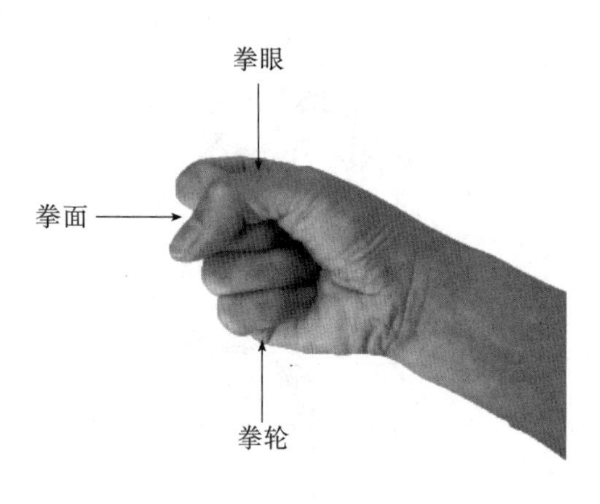


图 4-54　拳眼

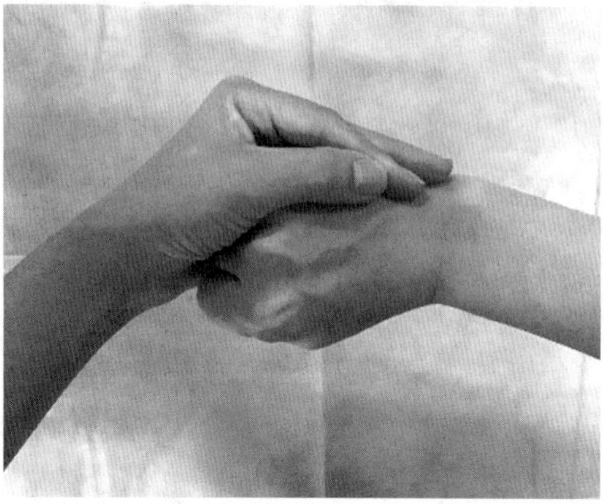

图 4-55　握拳手法

④冲击方向：用力快速向内、向上冲击腹部 5 次。

(3)腹部冲击法注意事项如下：

①腹部冲击要果断、短促、有爆发力，每次冲击之间应间隔 2 秒左右，注意施力方向和位置要正确，防止骨折或胸腔、腹腔内脏器损伤。

②饱餐后实施腹部冲击法时，伤员可能会出现胃内容物反流，应及时清理口腔，防止误吸。

③若重复 5 次腹部冲击梗阻未解除，继续交替进行 5 次背部拍击法。

4. 胸部冲击法

胸部冲击法适用于过度肥胖或孕妇等不宜采用腹部冲击法的伤员。

(1)急救体位：伤员取立位或坐位，救护员站于伤员身后，双臂环抱伤员。

(2)冲击部位：胸骨中下部。

(3)冲击手法：救护员一手握空心拳，拳眼(拇指侧)紧顶住伤员胸骨中下部，另一手紧握此拳。

(4)冲击方向：用力快速向内、向上冲击 5 次。

注意：胸部冲击与胸外按压相似，但动作比后者大，节奏比后者慢，每次冲击之间有明显停顿。

5. 自救法

孤立无援时，可利用以下方法自救：

(1)一手握拳，另一手成掌按在拳头之上。

(2)双手急速冲击性地、向内上方压迫自己的腹部，反复有节奏、有力地进行(图 4-56)。

(3)或稍稍弯下腰去，靠在一固定物体上(如桌子边缘、椅背、扶手栏杆等)，以物体边缘压迫上腹部，快速向上冲击(图 4-57)。

(4)重复数次，直至异物排出。

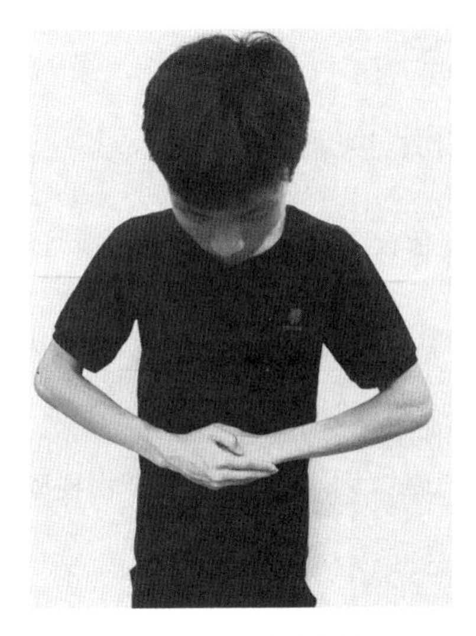

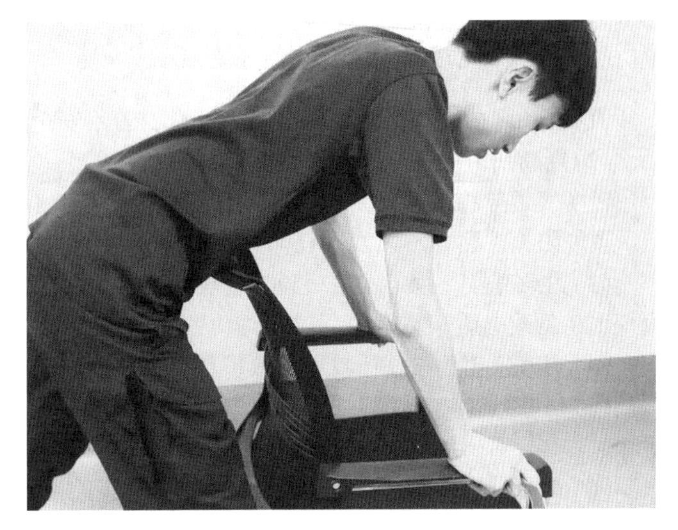

图 4-56　腹部冲击自救法

图 4-57　椅背冲击自救法

6. 心肺复苏

适用于意识丧失的伤员。救护员应密切关注伤员的病情变化，若伤员由意识清楚转为昏迷、颈动脉动消失、心跳呼吸停止，救护员应停止排除异物，而迅速开始心肺复苏术。

### (五)成人及儿童气道异物梗阻的预防措施

(1)避免进食时谈笑、狼吞虎咽和跑动。

(2)老年人及儿童的食物要尽可能切小块，延长烹煮时间。

(3)指导儿童不要养成口内含物的习惯。当小孩口中含有食物的时候，不要引逗他们哭笑、说话或惊吓他们，以防其将食物吸入气管。把容易吸入的小物品放在儿童触碰不到的地方。

(4)小朋友吃东西的过程中，不能缺少看护。

(5)避免酗酒和醉酒。

## 二、婴儿气道异物梗阻急救技术

### (一)婴儿气道异物梗阻的原因和急救原理

(1)婴儿发生气道异物梗阻的原因：

①婴儿的吞咽功能发育不完善，牙齿未长齐。

②在进食时容易啼叫、嬉笑、玩耍。

③喜欢用手抓各种玩具塞到口中。

(2)婴儿气道异物急救技术的原理：1 岁以内婴儿躯干较小，骨骼发育不成熟，因此施救方法与成人不同，应使用背部拍击联合胸部冲击法进行施救。先采用背部拍击法，目的是为了让异物松动，同时使呼吸道内压力骤然升高，冲出异物。如果异物咳不出，就连续采用胸部冲击法，使肺内的残留气体向外流出，以利于异物排出。

### (二)婴儿气道异物梗阻的急救流程

(1)现场评估。评估周围环境是否安全，若不安全则将伤员移动至安全区域。

(2)判断伤情。

轻度气道异物梗阻：婴儿能咳嗽，但啼哭困难，有异样杂音。

重度阻塞：婴儿不能发出任何声音，停止呼吸，无应答。

(3)紧急呼救。判定发生气道异物梗阻，立即高声呼唤其他人前来帮助救人，并尽快拨打 120 急救电话。

(4)实施急救。紧急呼救后，救护员立即实施气道异物梗阻急救方法。

(5)判断效果。若看到婴儿排出异物或呼吸道恢复通畅，则可判断气道异物梗阻解除。

(6)安置婴儿。若排出异物，安抚婴儿，减轻婴儿恐惧。

### (三)婴儿气道异物梗阻急救方法

婴儿表现出轻微气道梗阻的体征，持续观察患儿梗阻改善情况，不要进行其他处置，直到情况好转。如出现严重气道梗阻，立即给予现场急救。

1. 背部拍击法

救护员坐着或跪着，一只手拇指放在婴儿下颌一侧，同只手另一个或两个手指放在下颚另一侧，以此托住婴儿的头，打开气道，不要按压颏下的软组织。将婴儿骑跨并俯卧在救护员的一侧前臂上，以大腿为支撑，使婴儿头低于躯干，利用重力作用帮助其清除异物，用另一只手的手掌根在婴儿肩胛之间用力拍击 5 次(图 4-58)，每次拍击后查看气道梗阻有没有消除。

2. 胸部冲击法

如果 5 次后背拍击仍未能消除气道梗阻，则急救者一手掌托在婴儿枕部，使婴儿身体置于急救者两前臂之间，将婴儿翻转为仰卧姿势，头略低于躯干，以大腿为支撑，救护员用两手指在婴儿两乳头连线中点，以每秒 1 次的速度实施胸部快速冲击(图 4-59)，重复 5 次。如果梗阻仍未去除，则 5 次背部拍击与 5 次胸部冲击交替进行，直至异物清除或婴儿没有反应。

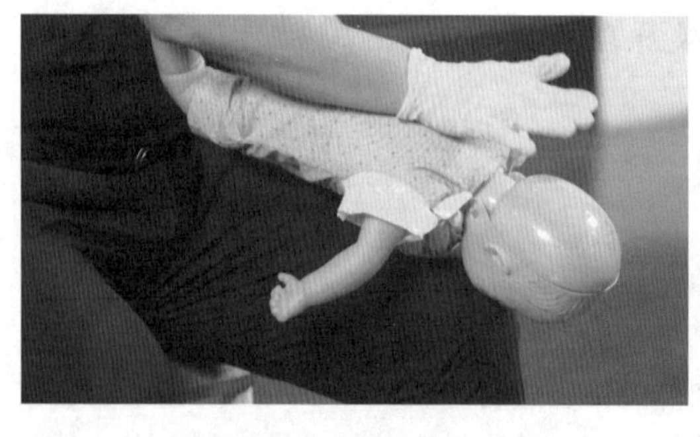

图 4-58　背部拍击法

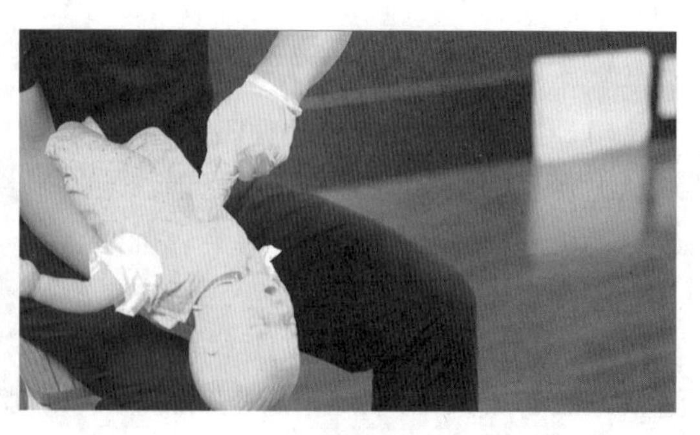

图 4-59　胸部冲击法

3. 心肺复苏

对于意识丧失、呼吸心跳停止的婴儿，应立即按心肺复苏流程操作。

### (四)婴儿气道异物梗阻急救法注意事项

(1)手臂要紧贴自己的大腿，否则难以固定婴儿。

(2)固定婴儿头部时，注意不要堵住婴儿口鼻。

(3)动作不可粗暴，拍背后保护婴儿颈部，翻转婴儿时应注意安全。

(4)观察婴儿口内是否排出异物，如果发现患儿口中异物，可小心将其取出。

### (五)婴儿气道异物梗阻的预防措施

(1)给哺乳期的婴儿喂奶时，要注意时机，不要在婴儿过饱或过度饥饿时喂奶，不要在哭闹、嬉笑时喂奶，注意控制喂奶的量及速度，以免婴儿来不及吞咽导致呛咳。

(2)不要给婴儿喂食果冻及一些小颗粒型的食品，孩子吃的东西尽量做成条状，糖果、坚果、纽扣、电池等小型物品要放在孩子拿不到的地方。

(3)不要在吃东西时逗孩子，避免大笑时食物落入气道。当孩子不想吃东西时，不要追着喂，严禁在跑动过程中给孩子喂食。

(4)不要在婴儿哭闹时喂食。婴儿在进食时，旁边要有大人看护，不要让孩子独自一人进食。

# 模块五　各类常见事故现场急救

◎ **知识目标**：简述生产类事故、生活类事故和灾害类事故的概念、特点；概括生产类事故、生活类事故和灾害类事故的急救方法和预防措施。

◎ **能力目标**：能快速、准确地判断各类常见事故的现场情况；能快速、准确地判断伤员伤情；具备各类常见事故现场急救的能力。

◎ **素质目标**：树立人民至上、生命至上的理念、安全意识、急救意识和法律意识；培养精益求精的工匠精神、爱岗敬业的劳动精神和团队协作精神；具有处理突发事件临危不惧、从容应对的心理素质；具有耐心、专注、坚持的工作态度；培养对党忠诚、竭诚为民的救援精神。

## 项目一　生产类事故现场急救

生产安全事故，是指生产经营单位在生产经营活动(包括与生产经营有关的活动)中突然发生的，伤害人身安全和健康，或者损坏设备设施，或者造成经济损失的，导致原生产经营活动(包括与生产经营活动有关的活动)暂时中止或永远终止的意外事件。2021 年，中国全年各类生产安全事故共死亡 26307 人。如何防范生产安全事故以及减小该类事故带来的损失，一直是应急管理工作的重中之重。

### 一、建筑施工事故现场急救

自改革开放以来，持续快速发展的建筑业在国民经济中的比重不断提高，其支柱产业地位逐步确立并日益巩固，对整个国民经济发展的推动作用日益突出，从事建筑行业的人员也在不断增加。可随之而来的是日益增多的建筑生产安全事故，从而造成人员伤亡。

#### (一)建筑施工行业概述

建筑施工行业具有以下特点：

(1)生产的流动性。虽说建筑产品都固定在一个平面上进行生产，但参与生产的人员和设备会随着建筑物或构筑物坐落位置的变化而整个地转移生产地点。这就导致建筑施工行业的生产环境会较为复杂，极易出现安全隐患。

(2)生产的单件性。随着现在人们生活水平的提高，艺术审美的要求和对建筑功能性的要求也在不断提高。现代建筑物或构筑物的结构、构造、造型都不一样，所需的工种与技术、材料品种规格与要求、施工方法、机械设备、劳力组织、生产要素等也都不一样，所以无法完全统一地概括所有建筑施工生产。

(3)生产的综合性。建筑产品的生产是多工种、多人员在不同的时空间相互配合完成的，如若人员间协调不到位或隔离防护措施不到位，就有可能造成安全生产事故。

(4)环境的复杂性。建筑施工大多为露天作业，生产环境卫生条件差，且极易受到天气因素的影响，炎热寒冷、雨雪天气增加了发生生产事故的可能性。据相关数据显示，将近90%的建筑施工作业为高空作业，加大了不安全因素。复杂的生产环境在加大安全隐患的同时，也会影响施工人员的心理，使部分人员处在紧张的状态下，从而导致安全生产事故。

(5)生产的临时性。由于不同的建筑产品生产周期不同，为了保证生产顺利进行，建筑施工现场会使用大量临时设施。而临时设施的质量和安全性很容易被忽视，这也是建筑生产安全事故发生的原因之一。

### (二)建筑施工中常见的事故伤害

根据近年来建筑施工事故统计，建筑施工行业中最主要也是伤亡人数最多的事故是高处坠落、物体打击、机械伤害、坍塌、触电。

### (三)建筑施工事故的应急救护

1. 高处坠落事故

高处坠落事故的伤亡人员往往损伤来自高速落地的强烈冲击力，从而使人体组织器官遭受到破坏和损伤，且往往是多个系统同时受损。最常见的为胸、腹腔内脏器官发生广泛性损伤，以及脊柱和脑损伤，伴随出血性外伤。伤者往往会有昏迷、呼吸困难、面色苍白等症状。

救援人员若发现高处坠落的伤者，应把抢救的重点放在对休克、骨折和出血方面的处理。临时处理后必须第一时间将伤者送往医院。发现伤者时，立马观察伤者的受伤情况、部位以及伤害性质和程度，如若伤者出现呼吸、心跳停止，应马上对伤者进行心肺复苏操作。如若出现昏迷休克，将伤者横卧于通风处，解开领口，并将伤者下肢抬高20°左右。

(1)出血性外伤：如遇创伤性出血的伤者，应迅速采取止血措施，压迫伤口以上动脉干至骨骼，然后迅速包扎止血，直接在伤口上放置厚敷料，用绷带包扎来增强压力以达止血的目的，包扎效果以伤口不再出血和不影响正常血液循环为最佳。

(2)颅脑损伤：如遇伤者有明显颅脑损伤，必须使其保持呼吸顺畅。使伤者保持平卧位，并将其头部转向一侧，防止其发生喉部堵塞。若头部有明显外伤或骨折，将伤口消毒包扎后，及时送医。

(3)脊椎损伤：如若伤者脊柱受伤，先用清洁敷料覆盖创伤处，用绷带进行包扎。搬运时，将伤者平卧放置在担架或硬板上，切记不可触碰或移动伤者脊柱，以免受伤脊柱移位导致伤者截瘫甚至死亡。若是颈椎受伤，有条件的情况下可用颈托围住颈部。在抢救搬运伤者时，严禁只抬伤者的两肩与两腿或单肩搬运。

(4)四肢骨折：若发现伤者四肢骨折，不可轻易移动伤者，应用夹板临时固定受伤部位，避免二次伤害。固定方法：以固定骨折处上下关节为原则，可就地取材，用木板、竹片等固定。在无材料的情况下，上肢可固定在身侧，下肢与健侧下肢绑在一起。

需要注意的是，在伤者运送过程中应尽量减少颠簸，同时密切注意伤者的呼吸、脉搏、血压及伤口的情况。

2. 物体打击事故

物体打击指的是失控物体的惯性对人身造成的伤害，包括高处落物、飞迸物、倒塌物等造成的伤害。由于建筑施工行业现场环境复杂，物体打击伤害事故时有发生。在发生物体打击事故之后，救护的重点应放于颅脑损伤、脊柱骨折和外伤出血的处置上，先进行简单处理，然后送往医院救治。

当发生物体打击事故后，尽可能不要移动伤者，尽量当场施救。首先观察伤者的受伤情况、部位、伤害性质，并于第一时间拨打120急救电话。如若伤者位置处于不利于施救的场所，则必须将伤者搬运至能安全实施救护的地点，搬运时，尽可能多人搬运，在搬运过程中实时关注伤者的呼吸和脸色变化。搬运过程中尽量不要移动患者身躯，尤其是受伤部位，使伤者身体放松，用担架或结实的硬板进行搬运。

3. 机械伤害事故

由于现代化建设的需求日益加大，建筑施工行业中所使用的中大型机械的概率也在逐渐增加，由于操作不当或机械故障造成的伤害事故日益增多。机械伤害造成的受伤部位可以遍及全身各个部位，如头部、眼部、颈部、胸部、腰部、脊柱、四肢等，有些机械伤害会造成人体多处受伤，后果非常严重。

发生机械伤害事故后，现场人员不要害怕和慌乱，要保持冷静，迅速对受伤人员进行检查。急救检查应先看神志、呼吸，接着摸脉搏、听心跳，再查瞳孔，有条件者测血压。检查局部有无创伤、出血、骨折、畸形等变化，根据伤者的情况，有针对性地采取人工呼吸、胸部按压、止血、包扎、固定等临时应急措施。

发生事故后，在不影响安全的前提下，应立马切断电源，稳定住事故机械，防止事故扩大。对于被机械伤害的伤者，应第一时间小心地使伤者脱离机械，必要时拆除设备。如若有锐利物品造成切割性伤害，应保护好断端和伤者，一并送到医院进行救治。对于剧痛难忍的伤者，有条件时可让其服用止痛剂或镇痛剂。

4. 坍塌事故

坍塌事故是建筑施工过程中常见事故之一，因为施工现场人员众多、情况复杂，坍塌事故往往造成严重后果，且往往无法预测，人员往往难以及时撤离。根据坍塌现场具体情况不同，可能会导致人员坠落、物体打击、挤压、掩埋、窒息等严重后果，还有可能引发火灾、爆炸、中毒等其他事故。坍塌事故一旦发生，造成群死群伤的概率远远大于其他事故类型。

发生坍塌事故后，应第一时间拨打120急救电话和119报警电话，事故现场人员保护好现场，防止无关人员进入现场。在确保不会发生二次坍塌的前提下，尽快抢救被掩埋人员，不可盲目施救，防止二次坍塌增大伤亡。在搜救过程中，坍塌废墟表面伤者被救后，应立马实施坍塌废墟内部受害人的搜寻。靠近受困人员时，应采用人工挖掘，避免大型设备对伤者造成二次伤害。发现被埋人员后，切忌生拉硬拽，加重伤者伤势。

被埋人员救出后，应搬运到安全地方，进行现场抢救。立即清理伤者口鼻耳中的异物，检查呼吸、心跳情况，若心跳停止，立即实施心肺复苏。

发现伤者有出血，应立即进行止血包扎，清理创伤伤口，防止感染。肢体骨折的伤者，尽快固定伤肢，防止骨折端对周围组织的进一步损伤。若无能力抢救受伤人员，则应尽快将伤者送往附近医院进行救治，或等待专业医务人员救治。

## 二、矿山事故现场急救

我国矿产丰富，为了满足人民日益增长的资源需求，自改革开放以来，我国矿业生产总值逐步提升，可由于矿山行业工作环境严苛、从业人员受教育程度低、安全生产管理不到位等原因，导致每年都会发生大大小小的矿山安全生产事故。

### (一)矿山行业概述

我国金属非金属矿山点多面广、经济发展水平低下、开采手段相对落后，金属非金属矿山安全工作仍然存在着很多问题。目前我国金属非金属矿山存在的突出问题主要表现在以下几方面：

(1)技术装备水平普遍低下，小矿多，多数矿山开采技术手段落后，采矿方法不规范，设施设备简陋，没有严格的安全措施，不具备基本安全生产条件；

(2)非法开采，超层越界开采，“矿中矿”“楼上楼”现象仍然存在，开采秩序混乱，埋下事故隐患；

(3)火工材料的管理问题较大，不少企业没有严格的火工材料管理制度；

(4)非公有制小矿山是制约安全生产的主要矛盾。金属非金属矿山特别是小矿山安全基础差，安全投入少、技术含量低、办矿标准低、管理水平低的状况没有得到明显改变。特别是一些个体矿主，急功近利，“三违”现象严重，一些非法矿山甚至一证多井，超层越界和重叠开采。非公有制矿山事故起数和死亡人数在金属非金属矿山事故总起数和死亡总数中占有很大比例。

目前矿山行业中主要发生的事故有瓦斯泄漏、火灾、透水、冒顶等。

### (二)矿山事故的应急救护

1. 瓦斯泄漏

大多数的矿山开采是采取地下作业的形式，在工作过程中有可能误接触地底瓦斯层造成瓦斯泄漏，尤其是煤矿。若地底瓦斯压力较高，开采操作接近瓦斯附近区域时，瓦斯由于压力变化，会大量涌出。

地底瓦斯主要成分为甲烷 $CH_4$，它是一种无色、无味、无毒气体，所以工人无法用人类感官察觉瓦斯泄漏，只能通过专用检测仪器来判断。瓦斯比空气轻，且其扩散速度极快，尤其在密闭的地下矿区，能够迅速地蔓延取代矿内空气。虽说瓦斯无毒，但其不能供给人类呼吸，当瓦斯浓度过高时，会造成工人窒息。瓦斯中还含有乙烷和丙烷等其他烷烃类有机气体，具有轻微麻醉性，在密闭空间内可能很快造成人员昏迷、窒息乃至死亡。瓦斯具有易燃性，当其和空气中的氧气达到一定比例时，遇火会引发火灾和爆炸，瓦斯燃烧爆炸后产生的一氧化碳气体还可能造成人员中毒。

发生瓦斯泄漏事故后，应在第一时间切断矿区电源，加强矿道通风防止瓦斯堆积，并实时监测矿井内瓦斯浓度变化。事故地周围设置警戒，防止无关人员和未佩戴氧气呼吸器的人员进入。救援人员在矿区内发现能行动的人员，让其佩戴自救器，由应急救援队员护送出灾区。若发现窒息昏迷者，应于第一时间根据心跳、呼吸、瞳孔等特征和伤员的神志情况，初步判断伤情。正常人每分钟心跳 60~80 次，呼吸 16~18 次，两眼瞳孔是等大、等圆的，遇到光线能迅速收缩变小。休克伤员两瞳孔不一样大、对光线反应迟钝或不收缩。应立即将昏迷者从灾区运送到新鲜风流（或者避难硐室）中，并安置在顶板良好、无淋水的地点或地面，迅速将窒息者口鼻内的黏液、血块、泥土、碎煤等除去，并将其上衣、腰带解开，将鞋脱掉。用棉被或毯子将其身体覆盖保暖，有条件时，可在伤者身旁放热水袋，使用苏生器助其呼吸。如遇险人员过多，一时无法运出时，则应就近以风障隔成临时避难所，拆开压风管路或风筒供风，在灾区苏生，再分批转移到安全地点。

2. 矿区火灾

由于矿井为密闭空间，一旦发生火灾，烟雾会很快蔓延，且矿井处于地下，离水源较远，再加上空间狭小，人员移动受限，种种因素都导致矿井火灾救援难度巨大。矿井火灾主要是因为矿内瓦斯泄漏再遇明火或电器火花导致。矿井火灾发生速度极快，人员来不及反应，且矿区燃烧会产生大量的有毒有害气体，造成人员中毒。据相关资料统计，在矿井火灾事故中，95%以上的遇难人员的死因是有毒气体中毒。

矿区发生火灾应第一时间报告，若火势较小，可用周边物品扑灭，切忌慌乱。救灾人员必须弄清发火地点、受灾范围、有毒有害气体和巷道完好情况，迅速确定灭火措施。若发火点在进风口附近，现场指挥应使采掘回风短路后，立即命令主要通风机反风；若火源点在采掘区，则应尽快使风流断路，让烟流直接从回风井排出，严禁瓦斯进入火区引起爆炸。对于一般火灾，可用水或泡沫灭火器灭火，对于电源火灾，必须切断电源，只能用干粉灭火器和砂子灭火，当井下火灾发展到不能直接扑灭时，应迅速采取隔离法灭火，在通向火区的巷道中建筑密闭墙，停止向火区供风。撤退通路堵塞时，应立即进入避难所，进行自救或等待救护。

为了减轻矿井中浓烟对人体的侵害，可采取以下措施：

（1）大量地喷水，降低浓烟的温度，抑制浓烟蔓延的速度。

（2）用毛巾或布蒙住口鼻，减少烟气的吸入。

（3）从烟火中出逃，如烟不太浓，可俯下身子行走；如为浓烟，须匍匐行走，在贴近地面 30 厘米的空气层中，烟雾较为稀薄。

矿井火灾的急救原则是“一灭、二查、三防、四包”。具体如下：

（1）一灭：迅速灭火是火灾烧伤急救的基本原则。被烧伤者应尽快脱掉燃烧的衣帽，或就地卧倒，在地上滚动熄灭火焰。如附近有河沟，可跳入水中灭火。切不可乱跑，以免火越烧越旺；也不要呼喊，以免吸入火焰引起呼吸道烧伤。

（2）二查：检查救出火场的伤员有无危及生命的严重损伤，如颅脑和内脏损伤、呼吸道烧伤致呼吸困难。对危重病人应就地抢救，清除口鼻内异物，保持呼吸道通畅，给予吸氧。对心跳呼吸停止者立即行心肺复苏。

(3)三防：防疼痛和休克。烧伤后都会有严重的疼痛和烦躁不安，应给予强力镇痛药。轻者口服止痛药片；重者肌肉注射止痛剂；伴有脑外伤和呼吸道烧伤者，禁用吗啡、杜冷丁等麻醉性止痛药，以免影响呼吸。其他病人在送往医院途中应避免重复多次使用吗啡、杜冷丁，以防中毒。严重烧伤很快会发生休克，这时应于现场快速输入生理盐水抗休克。烧伤病人因灼烤出现严重口渴，不要给予大量白开水，而应给予烧伤饮料。

(4)四包：现场救护注意保护烧伤创面，用干净纱布、被单包裹或覆盖，然后送医院处理。

3. 透水事故

地面或地下水通过各种自然的或人为的导水通道进入矿井后，就成为矿井水。通常称来自采掘工程层位顶板以上的非正常出水为矿井透水或溃水，来自采掘工程层位本身含水层的非正常出水为矿井涌水，来自采掘工程层位地板以下承压含水层的非正常出水为矿井突水。但是一般而言，并不做严格区分，统称为矿井突水。当水量大、来势猛、突发性强，对矿井安全生产造成不利影响甚至灾害性后果时，就形成了矿井水害，即透水事故。

透水事故一旦发生，应迅速判定水灾性质、了解突水点、影响范围，查明事故前人员分布，统计撤离出井人员，分析被困人员可能的躲避地点。井下人员如未能及时撤离至安全地点，遇险人员应尽量往上一个水平撤退。当被堵在上山独巷时，遇难人员必须保持镇定，避免体力消耗过多，不能喝井下的污水，需寻找裂隙水饮用。现场遇险的人员要尽量避开突水头，难以避开时，要紧抓身边的牢固物体，并深吸一口气，待水头过去后开展自救、互救。不能急躁，保持好体力，找个风流畅通、顶板完好的安全地方藏身，合理利用矿灯电量。利用可能发出的任何声音或光线向外界传送求救信号。

若救援人员发现溺水者，应将被救出的溺水伤员头低脚高，俯卧在空气流通处，面向一侧，撬开嘴巴，挖除口鼻腔内的煤渣、泥沙、分泌物等，并将舌头拉出来，保持呼吸通畅。迅速判断溺水伤员的呼吸、心跳状态，若无呼吸而有心跳，则应立即注射呼吸兴奋剂，并进行口对口的人工呼吸。若心跳亦停止，则立即注射强心剂，并进行人工呼吸和胸外心脏按压，以恢复呼吸、心跳功能。待心跳、呼吸恢复后，急救者取半蹲姿势，将伤员腹部放在一侧大腿上，使头下垂，压迫伤者胸背部，将胃和气管内的水控净；亦可采用站位，双手抱伤员腹部，头下垂，促使水流出。控水后，立即将伤员湿衣脱去，加盖衣被，迅速送往医院继续治疗。

4. 冒顶事故

冒顶事故是指矿井采掘时，通风道坍塌所产生的事故，是矿井采掘工作面生产过程中经常发生的。相关数据统计，冒顶事故占井下事故总数的一半以上，目前的技术手段无法完全预防冒顶事故的发生。冒顶事故一旦发生，会导致大面积矿区被掩埋，影响生产工作的同时，给工人的生命安全带来了重大的威胁。

在矿井内发生冒顶事故时，应注意以下几点：

(1)发现采掘工作面有冒顶的预兆，自己又无法逃脱现场时，应立刻把身体靠向硬帮或有强硬支柱的地方。

(2)冒顶事故发生后，伤员要尽一切努力争取自行脱离事故现场。无法逃脱时，要尽可能把身体藏在支柱牢固或块岩石架起的空隙中，防止再受到伤害。

(3)当大面积冒顶堵塞巷道，即矿工们所说的“关门”时，作业人员堵塞在工作面时，应沉着冷静，由班组长统一指挥，只留一盏灯供照明使用，并用铁锹、铁棒、石块等不停地敲打通风、排水的管道，向外报警，以便救援人员能及时发现目标，准确迅速地展开抢救。

矿井发生冒顶事故后，救援人员的主要任务是抢救遇险人员和恢复通风。在处理冒顶事故之前，救援人员应向事故附近地区的相关人员了解事故发生原因、冒顶地区顶板特性、事故前人员分布位置、瓦斯浓度等，并实地查看周围支架和顶板情况，必要时加固附近支架，保证退路安全畅通，防止发生二次“关门”。抢救人员时，可用呼喊、敲击的方法听取回击声，或用声响接收式和无线电波接收式寻人仪等装置，判断遇险人员的位置，与遇险人员保持联系，鼓励他们配合抢救工作。对于被堵人员，应在支护好顶板的情况下，用掘小巷、绕道通过冒落区或使用矿山救护轻便支架穿越冒落区接近他们。抢救出的遇险人员，要用毯子保温，并迅速运至安全地点进行创伤检查，在现场开展输氧和人工呼吸、止血、包扎等急救处理，危重伤员要尽快送医院治疗。对长期困在井下的人员，不要用灯光照射其眼睛，其饮食要由医生决定。

## 三、危险化学品事故现场急救

化学制品目前在工业、农业、国防、科技等诸多领域应景得到了广泛且成熟的应用，渗透到人们日常的生活当中。据相关文献记载，目前全球已有化学品 700 多万种，作为商品的有 10 万余种，全世界化学品生产总值已经超过 1 万亿美元。随着人们的生活质量和科技水平的提升，我们使用的化学品的种类和数量还在不断增加。虽然科学技术和化工行业的飞速发展给人们的生活带来诸多便利，同时也给人类的生产生活带来了不小的挑战。因为不少的化学品具有易燃、易爆、有毒、腐蚀、放射等危险特性，在日常生产、储存、运输、使用和废弃物处理的过程中，由于管理不当或防护措施不到位，就会给人民的生命财产带来损失。例如 2015 年 8 月 12 日我国天津市天津港危险品仓库发生的火灾爆炸事故，共造成 165 人死亡、798 人受伤、304 栋建筑物、12428 辆汽车、7533 个集装箱受损，直接经济损失达 68. 66 亿元。

### (一)危险化学品事故概述

危险化学品指的是具有毒害、腐蚀、爆炸、燃烧、助燃等性质，对人体、设施、环境具有危害的剧毒化学品和其他化学品。危险化学品分为八大类，分别是爆炸品、压缩气体和液化气体、易燃液体、易燃固体、自燃物品和遇湿易燃物品、氧化剂和有机过氧化物、毒害品和感染性物品、放射性物品、腐蚀品。常见的危险化学品有液化气、管道煤气、油漆稀释剂、汽油、苯、甲苯、甲醇、氯乙烯、氯气、氨、二氧化硫、一氧化碳、硫化氢、过氧化物、氰化物、黄磷、三氯化磷、强酸、强碱、农药杀虫剂等。由于危险化学品的性质导致危险化学品事故易发，往往在没有明显先兆的情况下突然发生，在瞬间或短时间内就会造成重大人员伤亡和财产损失，危险化学品事故一旦发生，后果往往很严重。

危险化学品事故是指一切由危险化学品造成的对人员和环境危害的事故。危险化学品事故后果通常表现为人员伤亡、财产损失和环境污染。而对于危险化学品事故的类型，目前来说，没有统一的划分标准。但通常可以按照事故伤害方式分为火灾事故、爆炸事故、中毒和窒息事故、灼伤事故、放射性事故等不同类型。

### (二)危险化学品救护原则

及时救治受害人员是危险化学品事故发生后的首要任务，及时、有序、有效地实施现场急救与转运伤员是降低死亡率、减少事故损失的关键。有毒有害物质对人体伤害作用快、伤害大，现场的早期急救是挽救人员生命和减轻毒伤程度的关键。但危险化学品事故相较于其他事故种类来说，具有更多的不确定性和危险性，所以危险化学品事故的应急救护必须遵守以下原则：

1. 迅速评估

危险化学品事故发生后，救护人员必须对伤员迅速评估，才能做到及时正确救治。一般从以下三个方面进行评估：

(1)依据事故现场的状况评估。应依据事故的性质、程度，毒物的种类和毒性，有无燃烧、爆炸、窒息、坠落、撞击等现场状况，分析可能致伤的原因。

(2)依据伤员的临床表现评估。迅速准确地对伤员进行检查与询问，依据伤员临床症状和体征来分析推断。

(3)依据现场可能的检查、化验和监测资料评估。通过空测仪器设备对空气毒物浓度及氧含量进行监测分析，为现场评估提供依据。

(4)根据现场的检测结果确定警戒范围。

2. 安全防护

安全防护是指根据危险化学品事故现场情况的危险性及划定的危险区域，确定防护等级，并按相应等级佩戴个人防护装备，包括使用呼吸器和防毒面具，穿戴防护服，服用相应药物等。

3. 洗消措施

洗消是指通过机械、物理或化学的方法对危化品事故现场遭受化学污染、放射性物质和生物毒剂污染的地面、设备、人员和环境进行消毒，清除沾染和灭菌而采取的技术过程，能使危险物失去毒害作用而防止其蔓延扩散。

(1)伤员洗消：对于一般伤员，应首先脱去被污染的外衣，再用清水从头到尾彻底冲洗一遍。若是眼睛、面部接触了危险物，应使用大量清水或生理盐水至少清洗 15 分钟以上。对于已经失去意识的伤员，应将其外衣脱除，使用清水对伤者正面进行洗消，然后将其翻身清洗背面和侧面，最后用毛巾擦拭。

(2)救护人员洗消：进入现场的救援人员可以利用已搭建好的洗消站，身着防护服利用洗消器具进行冲洗。脱去防护设备后进行二次洗消，尤其是口、鼻、眼等部位。

### (三)危险化学品事故的应急救护

1. 火灾事故

危险化学品分类中的易燃气体、易燃液体、易燃固体、遇湿易燃物品等在一定条件下都有可能发生燃烧。无论处理何种危化品火灾，都应该遵循先控制、后消灭的原则。特定化学物质的燃烧过程和情况可能比日常物质燃烧更复杂，所以处理化学物质燃烧需要更加小心。比如易燃液体导致的火灾可能生成流淌火，质量较轻的易燃固体可能导致飞溅火，易燃气体燃烧可能导致爆炸等。以下介绍几种特定危险化学品烧伤的急救措施。

(1)汽油烧伤：伤者如若被汽油烧伤，立即使用流动的清水对烧伤部位进行冲洗，或者直接将烧伤部位浸泡在冷水中，以达到快速降低局部烧伤温度，从而减轻热力对深部组织的进一步损伤，注意水的温度不宜过低，冲洗或浸泡时间一般为 30 分钟左右，或者直到创面疼痛明显减轻为止，可使用干净的湿毛巾保护烧伤创面的起泡或者破溃皮肤，然后及时至就近医院的烧伤科对创面进行正规的治疗，注意不要私自涂抹有颜色的物质或者药物，以免加深创面，从而增加留疤的可能性。

(2)磷烧伤：磷是一种易燃固体，着火后沾染到皮肤不会立即熄灭，会保持持续性燃烧，危害较大。而且磷有毒，会经皮肤吸收后进入人体，所以对于磷烧伤处理的基本原则是：尽快阻止磷在创面上燃烧，迅速使病人离开现场，清除创面上的磷颗粒。

一旦发现磷烧伤患者，应迅速扑灭火焰，灭火后立即把病人的衣服脱光，迅速离开现场。若现场有磷燃烧的烟雾，伤员和救护人员应用浸湿冷水的毛巾或口罩掩护口鼻，使磷的化学反应在湿口罩内进行，以防损伤呼吸道。用大量流动的冷水冲洗烧伤者身上的磷颗粒，冲洗水量应充足，能将磷及其化合物冲掉，眼部应优先彻底冲洗。不要使用温水，因磷的熔点低，温水可使磷液化，而增加人体吸收。冷水可使磷变得坚实，使创面血液循环减慢，并使疼痛减轻。水不仅能阻止磷燃烧，还能使创面上的磷酸稀释，从而将组织损伤降到最低程度。有条件的情况下，可采用稀释的碳酸氢钠溶液冲洗，效果更佳。在转送病人过程中，要将伤处浸于水内，或用浸透冷水的敷料、棉被或毛毯严密包裹创面，以隔绝磷与空气的接触，防止其继续燃烧。

硫酸铜溶液可作为局部解毒药治疗黄磷烧伤。由于硫酸铜与磷颗粒表面产生化学反应，形成一层隔绝空气不燃烧的黑色磷化铜薄膜，从而阻止磷燃烧，并有助于辨认磷颗粒，而便于清除。最简单的方法是在 2%硫酸铜溶液中加入适量洗衣粉冲洗创面，然后再用清水洗净。此后用镊子将黑色磷化铜颗粒逐一清除。移出的磷颗粒应妥善处理，不要乱扔，以免造成工作人员和物品的损伤，甚至造成火灾。

目前对无机磷中毒尚没有有效的全身解毒药物，所以，黄磷烧伤引起的磷中毒可危及患者生命。如何减少磷吸收、防止磷中毒，是治疗磷烧伤的关键。为减少磷及其化合物的吸收，防止其向深层破坏，对深度磷烧伤，只要情况允许，就应争取立即进行手术，彻底切除焦痂。

(3)甲烷烧伤：甲烷作为生活中最常见的易燃易爆气体，意外事故也时有发生。气体燃烧的范围较大，伤者一般受伤面积也会更大。甲烷烧伤一般较浅，但创面疼痛较剧烈，且合并伤较多。若被烧伤，先剪开被烧衣服，用清水冲洗身上污物，并用清洁衣服或被单裹住伤口或全身，如可能，尽早包扎创面或伤口。有外伤、骨折的肢体，要固定。

2. 爆炸事故

当易燃易爆性质的危险化学品遇到高温高压条件时，就有可能造成爆炸，爆炸事故一旦发生，除了高温带来的伤害外，还随之产生爆炸喷溅物和冲击波等，会给人员的健康带来威胁。

爆炸伤的特点是程度重、范围广泛且有方向性，兼有高温、钝器或锐器损伤的特点。对于爆炸伤的急救和其他救治不一样的是，要尽快把病人抢先脱离危险境地，同时还要进行救护，比如用湿毛巾覆盖病人鼻部，避免爆炸现场的烟雾损伤。爆炸会导致全身多处损伤，在混乱之中要迅速判断损伤部位，优先处理心脑肺的损伤及血管损伤。如果有出血，应迅速判断出血部位，进行止血。对于任何部位的伤口，去除污染物后，应用无菌或洁净纱布覆盖，不可擅自涂抹药水或药膏。对于眼睛外伤，不能搓揉眼睛，不能擅自点眼药水。伤者情况稳定后，立即进行转运，到医院救治。

3. 中毒和窒息事故

危险化学品中毒和窒息事故主要指因吸入、食入或接触有毒有害化学品，而导致人体中毒和窒息的事故。有毒物质对人的危害程度取决于毒物的性质、毒物的浓度、人员与毒物接触的时间等因素。以下介绍常见几种危险化学品中毒和窒息急救方法。

(1)一氧化碳中毒：一氧化碳是一种毒性较强的窒息性气体毒物。经呼吸道进入肺泡被吸收入血后与血红蛋白结合成碳氧血红蛋白，当人体吸入一氧化碳后，血浆中的一氧化碳便迅速把氧合血红蛋白中的氧排挤出去，造成低氧血症，引起组织缺氧迅速耗尽，钠泵运转不灵，钠离子蓄积于细胞内而诱发脑细胞内水肿。缺氧使血管内皮细胞发生肿胀而造成脑血管循环障碍。缺氧时，脑内酸性代谢产物蓄积，使血管通透性增加而产生脑细胞间质水肿。脑血循环障碍可造成血栓形成、缺血性坏死以及广泛的脱髓鞘病变，严重时致死。当人体意识到已发生一氧化碳中毒时，往往为时已晚，因为支配人体运动的大脑皮质最先受到麻痹损害，使人无法实现自主运动，此时中毒者头脑仍有清醒的意识，也想打开门窗逃出，可手脚已不听使唤，所以一氧化碳中毒往往无法进行有效的自救。

发现中毒伤员，应迅速打开门窗外，将伤员抬到空气新鲜流通的地方静息，尽量远离火源。同时解开衣服、裤带，放低头部，冬天注意保暖。若伤员呼吸停止，应毫不犹豫地作口对口人工呼吸、胸外心脏按压，以复苏心肺功能。也可采用针刺、掐压人中、十宣等穴位促醒。有条件的立即给氧吸入，以高压氧气为最好。一氧化碳中毒症状较轻的伤员，可喝少量食醋或泡菜水，让其迅速清醒。若病情严重，迅速与医生联系送往医院救治，进行高压氧舱内治疗。

(2)有机磷农药中毒：有机磷农药是目前应用最广泛的杀虫剂，我国生产和使用的有机磷农药大多数属于高毒性及中等毒性。有机磷农药中毒的途径可通过皮肤进入人体。在喷洒过程中，气雾可由呼吸道吸入，误服者由消化道吸收。中毒者症状包括恶心、呕吐、腹痛腹泻、多汗、流涎、视力模糊、瞳孔缩小、呼吸困难、头痛、头昏、乏力、嗜睡、意识障碍、抽搐等。严重者出现脑水肿，或因呼吸衰竭而死亡。

若发现有机磷农药中毒患者，应迅速将患者脱离中毒现场，立即脱去被污染的衣服、鞋帽等。用大量生理盐水或清水或肥皂水清洗被污染的头发、皮肤、手、脚等处。口服中毒者应尽早催吐及洗胃。用清水或 1∶5000 高锰酸钾溶液或者 2%碳酸氢钠溶液洗胃。直至洗出液清晰、无农药气味为止。如无洗胃设备，病人又处于清醒状态，则可用一般温水让中毒患者进行大量饮服。轻轻刺激咽喉致使呕吐，如此反复多次进行。此法简便快速易行有效。对于中毒严重者，则要分秒必争，送往附近医院进行急救。

(3)硫化氢中毒：硫化氢是含硫有机物分解或金属硫化物与酸作用而产生的一种无色气体，有臭鸡蛋味，广泛存在于制糖、制药、纤维业、染坊业以及城市下水道内，消防人员在扑救这类火灾或抢险救援的过程中，应特别警惕硫化氢中毒。急性中毒时，局部刺激症状为流泪、眼部烧灼疼痛、怕光、结膜充血，剧烈的咳嗽，胸部胀闷，恶心呕吐，头晕、头痛，随着中毒加重，出现呼吸困难，心慌，颜面青紫，高度兴奋，狂躁不安，甚至引起抽风，意识模糊，最后陷入昏迷，人事不省，全身青紫，高浓度下可致人死亡。

进入毒区抢救中毒人员之前，应戴上防毒面具。发现中毒者后，立即把中毒者从现场抬到空气新鲜的地方，尽快用清水或2%碳酸钠溶液冲洗眼睛、外耳道、皮肤等，禁止使用热水清洗皮肤、黏膜，防止毒物通过皮肤进入体内，加重中毒症状。对呼吸停止者，应立即进行心肺复苏操作。中毒者恢复正常呼吸和心跳后，可让其饮用浓茶、咖啡等饮品，以帮助其恢复意识。

4. 化学灼伤

危险化学品化学灼伤事故指的是具有腐蚀性的危险化学品意外与人接触，在短时间内即在人体被接触表面发生化学反应，造成皮肤组织明显破坏的事故。常见的腐蚀品主要是酸腐蚀品，如硫酸、硝酸、盐酸等；碱腐蚀品，如氢氧化钠、氢氧化钾、氨水、生石灰等。化学灼伤不等同于物理灼伤，发生化学灼伤后，如不及时清理皮肤上的化学物质，该化学物质还有可能与皮下组织细胞发生脱水、变性等化学反应，加重损伤。

(1)酸灼伤：硫酸、盐酸、硝酸，以及乙酸(冰醋酸)、氢氟酸、高氯酸和铬酸等，都是腐蚀性毒物。除皮肤灼伤外，呼吸道吸入这些酸类的挥发气、雾点(如硫酸雾、铬酸雾)，还可引起上呼吸道的剧烈刺激，严重者可发生化学性支气管炎、肺炎和肺水肿等。硝酸、硫酸、盐酸三者所引起的化学灼伤症状基本相同。接触时间短、接触物浓度低者，仅在接触部出现潮红、灼痒，脱离接触后很快消退。若接触物浓度较大，皮肤红肿灼痛，继而皮肤会由于不同的酸反应变成不同颜色，如硝酸烧伤为黄色，硫酸烧伤为黑色，盐酸烧伤为白色。接着生成水疱，甚者发生溃疡坏死，愈后留有瘢痕。有时也可能因操作失误造成眼部灼伤。

对于酸灼伤者，急救措施如下：

①立即除去污染的工作服、内衣、鞋袜等，迅速用大量的流动水冲洗创面，至少冲洗15分钟，特别对于硫酸灼伤，要用大量的水快速冲洗，除了稀释硫酸外，还可冲去硫酸与水产生的热量。

②初步冲洗后，用5%小苏打水(碳酸氢钠液)中和创面上的酸性物质，然后再用清水冲洗10~20分钟。二次用清水冲洗的目的是清理残余中和剂，防止中和剂不足，酸液继续渗透。

③清创，去除其他污染物，再覆盖消毒纱布后送医院。

④对于误服酸液者，不宜催吐或洗胃，避免酸液再次经过食道造成二次伤害。应让伤者立即口服牛奶、蛋清或食用油，让其跟酸液发生化学反应，减轻伤害。不可服用小苏打溶液，避免反应产生二氧化碳导致胀气后胃穿孔。

⑤酸溅入眼内时，应立即翻开上下眼睑，用大量流动清水冲洗至少10~20分钟。

⑥吸入酸雾者，有条件时让其雾化吸入5%碳酸氢钠溶液，用清水冲洗面部和眼部，

并及时观察伤者呼吸情况，若呼吸心跳停止，应施以心肺复苏操作。

(2)碱灼伤：多见的是氨水、氢氧化钠、氢氧化钾、石灰灼伤。最常见的是氨灼伤，由于其极易挥发，常同时并有上呼吸道灼伤，重者并有肺水肿。眼睛溅到少量稀释氨液，易发生糜烂，且痊愈缓慢。钠、钾、钙、铵、钡等的氢氧化物为强碱性化合物，钡等的氢氧化物为强碱性化合物，长期接触低浓度者可引起皮肤干燥，指甲板变薄，光泽消失。接触中等浓度者，接触局部自觉瘙痒，发生急性皮炎，可出现红斑肿胀、丘疹、水疱、糜烂，如处理不当，可转为慢性皮炎。接触高浓度者，于接触局部自觉灼痛，发生灼伤、坏死，形成深溃疡，易继发感染，愈合极慢，愈后留有瘢痕。接触碱粉或蒸气可引起上呼吸道黏膜的刺激反应，偶可引起鼻中隔溃疡，穿孔，眼部可有畏光、流泪、视力模糊和异物感等，结膜充血红肿，若溅入浓碱，特别是氢氧化钠，可致角膜损伤，甚至失明。

对于碱灼伤者，急救措施如下：

①立即除去污染的工作服、内衣、鞋袜等，迅速用大量的流动水冲洗创面，至少冲洗15分钟。

②可用食醋冲洗或用硼酸溶液擦拭，以中和碱液。

③对于误服碱液者，不宜催吐或洗胃，避免碱液再次经过食道造成二次伤害。应让伤者立即口服食醋、大量橘子汁或柠檬汁，利用其性质与酸液发生化学反应，以减轻伤害。

④酸溅入眼内时，应立即翻开上下眼睑，用大量流动清水进行冲洗至少10~20分钟。后再用硼酸溶液清洗。

⑤碱液不容易形成雾点，不容易通过呼吸道进入人体，不过也要时刻注意全身情况，观察口、鼻、咽喉，明确有无吸入史。

5. 放射性事故

放射性事故是指核电站的堆芯熔化，放射性物质丢失、被盗、失控，或者放射性物质造成人员受到意外的异常照射或环境放射性污染的事件。随着人类社会对于核能应用的水平越来越高，放射性化学物质的使用量也越来越大，由于安全管理不当导致的放射性事故也时有发生。

放射性是指元素从不稳定的原子核自发地放出射线(如 $\alpha$ 射线、$\beta$ 射线、$\gamma$ 射线等)，而衰变形成稳定的元素而停止放射(衰变产物)，这种现象称为放射性。原子序数在83(铋)或以上的元素都具有放射性。放射性物质不仅会影响身体的局部，还会破坏身体的生活功能，导致生命活动停止。放射性物质破坏人体的中枢神经系统、神经内分泌系统和血液系统；使血管通透性改变，导致出血造成感染；还能损伤遗传物质，引起基因突变和染色体畸形，使几代人都会受到影响。

一旦出现放射性事故，进入现场的人员必须穿戴好防辐射设备。受到放射性元素照射的伤者一般不会在短时间内有明显不适。在发现伤者后，应立即将其带离危险区域，并迅速脱除被污染的衣物，并将衣物专门密封储存。然后立马进行洗消操作，若有开放性外伤，则应用生理盐水反复冲洗。洗消完成后第一时间将伤者送往医院做进一步观察救治。

# 项目二　生活类事故现场急救

## 一、触电、雷击事故现场急救

触电与雷击所造成的损伤均属于电击伤，是由一定强度电流(或电能)直接接触并通过人体，或在超高压的电场下虽未直接接触电源，但由于电场或静电电荷击穿空气或其他介质而通过人体，由此引起的组织损伤及功能障碍，甚至死亡。

引起电击伤的原因主要是缺乏安全用电知识；违规安装和维修电器、电线；设备绝缘性能降低漏电；火灾、大风、暴雨等意外事故中电线折断，落到人体；直接用手牵拉触电者而触电；雷雨时树下躲雨或用铁柄伞而被闪电击中等。

### (一)影响因素

人体作为导电体，在接触电流时，即成为电路中的一部分。电击伤对人体的危害与以下因素有关：电流种类和频率、电流强度、电压高低、人体电阻、电流路径、通电时间、人体状况等。

1. 电流种类和频率

人体对交流电的耐受力要比直流电差，因此交流电对人体损害大于直流电，其中以低频(15~150Hz)交流电的危险性为大，低频中又以50~60Hz的交流电更容易引起心室颤动。当交流电频率大于2000Hz时，损害作用明显减轻。但高频高压电对人体仍是非常危险。

2. 电流强度

不同的电流量对人体产生不同的影响，以接触50Hz交流电为例，通常2mA以下的电流仅产生麻刺感；接触10~20mA电流时，手指肌肉产生持续的收缩，不能自主松开电源，并可引起剧痛和呼吸困难；如电流进一步增强至50~80mA，则可引起呼吸麻痹和心室颤动；电流达90~100mA时，即可引起呼吸麻痹，若持续3秒，心搏停止而致死亡。

3. 电压高低

在相同皮肤电阻条件下，电压越高，流经人体的电流量也越大，机体受到的损害就越严重。通常情况下36V以下是安全电压，但在潮湿环境下接触12V电压也可能产生危险。220V电流能引起心室颤动；1000V以上电流可使呼吸中枢麻痹而致死；220~1000V的电流可同时影响心脏和呼吸中枢。

4. 人体电阻

相同的电压下，电阻越大，则通过人体的电流越小，组织受损轻；反之，电阻越小，则通过电流越大，组织损害越严重。人体血管、神经组织电阻最小，受电流损伤也最严重，肌肉电阻次之，最大电阻为骨骼。相同电压下，潮湿、裂伤的皮肤比有胼胝、干燥皮肤流入人体的电流量明显增多，危害性极大；触电时，穿有钉的鞋或湿鞋，电阻小，危害较大。

5. 电流路径

电流通过人体路径不同，对人体造成的损害程度也不同。表5-1是不同电流路径下心脏电流系数$F$(心脏电流系数指从左手到双脚的心室颤动电流阈值与任一电流路径的心室颤动电流阈值的比值)。心脏电流系数被认为是各种电流路径心室颤动相对危险的大致估算。心脏电流系数越大的路径越容易引起心室颤动。从表5-1可知，胸至左手是最危险的电流路径，其次是胸至右手。对四肢来说，左手至脚、双手至双脚也是危险的电流路径，其次是右手至脚。左手至右手的心脏电流系数较小，即心脏分流的电流较小。脚至脚的电流路径偏离心脏较远，引起心室颤动危险小，但不能忽视因痉挛而摔倒，导致电流通过人体主要部位(脑、心等)造成的伤害。

表5-1　**不同电流路径下心脏电流系数 *F***

| 电流路径 | 心脏电流系数 $F$ |
| --- | --- |
| 左手到左脚、右脚或双脚，双手到双脚 | 1.0 |
| 左手至右手 | 0.4 |
| 右手至左脚、右脚或双脚 | 0.8 |
| 背至右手 | 0.3 |
| 背至左手 | 0.7 |
| 胸至右手 | 1.3 |
| 胸至左手 | 1.5 |
| 臂部至左手、右手或双手 | 0.7 |
| 左脚到右脚 | 0.04 |

数据来自：GB/T 13870.1—2008。

6. 通电时间

接触电流时间越长，危害越重。如高压电流通过人体时间小于0.1秒，不会引起死亡；超过1秒，则可能导致死亡。因此，在触电急救时，要争分夺秒，最大限度地缩短电流通过人体的时间，减少伤害。

7. 人体状况

女性对于电流较男性敏感；体重越轻，对电流越敏感，所以儿童遭受电击较成人危险。人的精神健康状况不同，对感知电流、摆脱电流和致命电流的敏感程度也不同，触电伤害程度也不一样。如有循环、呼吸和神经系统疾病的人，以及酗酒、疲劳过度的人，遭受电击时的危险性比正常人严重。

## (二)致伤方式

(1)单相触电：是指人体接触一根电线，电流通过人体，经皮肤与地面接触后由大地返回，形成电流环形通路而造成电击伤。

（2）两相触电：是指人体的两处部位同时接触同一电路上的两根电线，电流从电位高的一根，经人体传导流向电压低的一根电线，形成电流环线通路而造成电击伤。

（3）接触电压触电：是指人站在发生接地短路故障设备的旁边，触及漏电设备的外壳时，其手、脚之间所承受的电压。由接触电压引起的触电称为接触电压触电。

（4）跨步电压触电：是在高压线接触的地面附近，产生了环形的电场，即以高压电线触地点为圆心，从接触点到周围有1个放射状电压递减的电压分布。圆心处电压等于高压电线上的电压，离开圆心越远的点上，电压越小。如果此时有人进入这个区域，两脚迈开时，势必有电位差，称为跨步电压，电流从电压高的一脚进入，由电压低的一脚流出，称为跨步电压触电。

（5）雷击触电：雷雨云对地面突出物产生放电，感应电压高达几十至几百万伏，其能量可把建筑物摧毁，使可燃物燃烧，把电力线、用电设备击穿、烧毁，造成人身伤亡。

### （三）伤情评估与判断

1. 全身表现

轻度电击者可有惊恐、头晕、乏力、心悸、面色苍白、不自主肌肉收缩、不同程度刺麻酸痛感等表现。重度电击者在高压电击，特别是雷击作用时，短时间发生意识丧失，心搏和呼吸骤停。有些严重电击伤者当时症状虽不明显，1小时后可突然恶化。

应特别注意伤者有多重损伤的可能性，如强制性肌肉损伤，内脏器官损伤和体内外烧伤，部分伤者有心肌和心脏传导系统损伤。当大面积体表烧伤或组织损伤处体液丢失过多时，会出现低血容量性休克。肌肉组织坏死产生肌球蛋白尿和肌红蛋白尿及溶血后血红蛋白尿都能引起急性肾衰竭，脱水或血容量不足时更会使病情加速或恶化。

2. 局部表现

触电部位释放电能最大，局部皮肤组织损伤严重。一般低电压所致的皮肤伤面小，直径为0.5~2厘米，呈椭圆形或圆形，焦黄或灰白色，干燥，边缘整齐，与健康皮肤分界清晰，偶见水疱，通常不伤及内脏，致残率低。

高电压所致的烧伤较严重，具有面积大、创口深的特点。入口比出口损伤更明显，烧伤处呈焦化或炭化，损伤深度甚至达血管、肌肉和骨骼等。因血管损伤，可引起多发性栓塞、坏死；而肌肉组织损伤、水肿和坏死，使肢体肌肉筋膜下组织压力增加，出现神经、血管受压体征，脉搏减弱，感觉消失，发生间隙综合征。

闪电损伤时，皮肤上可出现微红的树枝样或细条状条纹，这是电流沿着或穿过皮肤所致的Ⅰ度或Ⅱ度烧伤；佩戴指环、手表、项链或腰带处可有较深的烧伤。

3. 并发症及后遗症

电击伤后24~48小时常出现多个系统并发症及后遗症。

循环系统：心肌损伤、严重心律失常和心功能障碍等。

呼吸系统：吸入性肺炎或肺水肿等。

消化系统：消化道出血或穿孔、麻痹性肠梗阻等。

泌尿系统：肌球蛋白尿或肌红蛋白尿和急性肾损伤等。

血液系统：继发性出血、弥散性血管内凝血（DIC）或溶血等。

骨骼系统：骨折、关节脱位或无菌性骨坏死等。

神经系统：数天到数月可出现上升或横断性脊髓炎、多发性神经炎或瘫痪等。

其他：部分电击伤者还出现鼓膜破裂、听力丧失；角膜烧伤、视网膜脱离、白内障和视力障碍；继发性感染；妊娠妇女电击伤后常发生流产、死胎或宫内发育迟缓等。

### （四）现场急救措施

1. 脱离电源

首先强调确保现场救援者自身的安全。在第一时间切断电源，或用绝缘物使触电者与电源分离，或采取保护措施将触电者搬离危险区。

（1）对于低压触电事故，应采取以下急救措施：

①迅速切断电源。如电源总开关就在附近，应立即关闭电源总开关。同时，派人守护，防止不知情者重新合上电源开关，导致其他人触电。应注意拉线开关与平开关只能控制一根线，有可能因安装问题只能切断零线，而没有断开电源。

②挑开电线。如果找不到电源总开关或距离太远，可用有绝缘柄的电工钳或有干燥木柄的斧头切断电线，断开电源，也可用绝缘棒、竹竿、塑料制品或橡胶制品等绝缘工具挑开电线；或用木板等绝缘物插入触电者身下，以隔断流经人体的电流。

③拉开触电者。如触电者俯卧在电线或漏电的电器上，可用干木棒将触电者拨离触电处。用干燥绝缘的绳索（或干衣服等绝缘物品拧成带状）套在触电者身上，将其拉离电源。

（2）对于高压触电事故，应采取以下急救措施：

①迅速通知供电部门停电。

②穿戴相应电压等级的绝缘手套、绝缘靴及使用相应电压等级的绝缘工具，按顺序拉开开关。

③使用绝缘工具切断导线。

④在架空线路上不可能采用上述方法时，可用抛挂接地线的方法，使线路短路跳闸。在抛挂接地线之前，应先把接地线一端可靠接地，然后把另一端抛到带电的导线上，切记此时抛掷的一端不得触及触电者和其他人。此方法须在万不得已的情况下才能使用，否则处理不好，救援者也会触电。

（3）注意事项：

①救援者必须注意自身安全，未断离电源前绝不能用手牵拉触电者，更不可用金属物品或潮湿的物品去解救触电者，以免发生触电。

②在实施救护时，救援者最好用一只手施救，以防自己触电。

③抢救过程中，救援者应穿具有可靠绝缘性能的橡胶底鞋，脚下垫干燥的木块或胶垫，与大地绝缘。

④在下雨天气野外抢救触电者时，一切原先有绝缘性能的器材都因淋湿而失去绝缘性能，此时更需注意。

⑤野外高压电线触电，注意跨步电压的可能性，最好是选择 20 米以外进行切断电源；确实需要进出危险地带，需保持单脚着地的跨跳步进出，绝对不容许双脚同时着地。

⑥发现电线杆上有人触电，要采取安全措施，防止触电者脱离电源后从高处坠下。

⑦因切断电源，有时也会使照明断电，应考虑用事故照明灯、应急灯等临时照明。新的照明装置要符合使用场所的防火、防爆要求，且不能延误切除电源和进行急救。

2. 脱离电源后处理

(1)对呼吸、心搏停止者，应立即进行心肺复苏，出现心室颤动时，可使用电除颤。因为电击后存在"假死"状态，心肺复苏必须坚持不懈进行，直至伤者清醒或出现尸僵、尸斑为止，不可轻易放弃。

(2)神志清醒轻触电者仅感觉四肢发麻，心慌、乏力，脱离电源后，应将其抬到通风良好安全处，给予平卧休息观察1~2小时，头、颈、躯干不能扭曲，将领口、上衣与裤带放松；暂时不要让触电者站立或走动，以减轻心脏负荷，促进恢复。

(3)将伤者被灼伤的部位用干净纱布覆盖起来，不可随意涂抹药物。

(4)条件许可时，应尽早送医院救治。

### (五)预防

(1)加强安全教育。大力宣传安全用电，提醒孩子不要玩灯泡、电线插头、电器等；加强自我保护与相互保护意识，熟知预防措施和安全抢救方法。

(2)严格执行电业安全工作流程。严格遵守安全生产的组织与技术措施。电器的安装和使用必须符合标准，定期检查和维修。推广使用触电保护器。严禁私拉电线和在电线旁晒衣被。火警时应先切断电源。

(3)防止雷电击伤。居住在雷雨多的地区，要多留意天气预报，及时调整出行及作业计划；雷雨时不能在高压电线附近作业，不得靠近避雷器，不要在树下避雨，不撑铁柄伞，身上不携带金属物品，不下水游泳，避免停留在高地，家中切断外接天线。雷电交加时，如躯体发觉有蚁爬感或头发竖起，高度警惕雷击可能，应立即平躺在地上，减少雷击风险。

## 二、交通事故现场急救

交通事故伤害简称交通伤，是指各类交通运输工具和参与交通运输活动中的物体，在运行过程中导致人体损伤，甚至死亡。广义的交通伤包括道路、铁路、航空和船舶交通运输事故导致的人身伤亡。狭义的交通伤特指车辆在道路运输过程中发生的人身伤亡，称为道路交通伤，此类型最多见，且危害最大，是全人类非正常死亡的"杀手"。道路交通伤已成为现代社会最大的公共卫生问题。本节主要介绍道路交通伤。

交通事故的发生与人、车辆、道路和环境等因素有关。驾驶人的因素有疲劳驾驶、超速驾驶、酒后驾驶、违规驾驶等；行人与骑车人因素有随意横穿马路、行走或骑行于机动车道上等。车辆因素有机械故障和设计缺陷等。道路因素包括弯道或坡道事故率高、公路狭窄无分隔带、标志不明显等。环境因素包括恶劣天气造成路面结冰、能见度降低等。

### (一)致伤机制

交通事故可造成车内外人员损伤，主要机制有：

(1)碰撞伤：人体与车辆或其他钝性物体相撞而导致损伤，包括车外碰撞和车内物体对人体碰撞造成的损伤。

(2)碾压伤：人体被车辆轮胎碾轧、挤压导致损伤。在碾压发生前常伴有碰撞和刮擦现象，如人体躺卧在道路上被碾压，则仅有碾压伤。

(3)刮擦/拖擦伤：人体被行驶中的机动车或其他突出部件刮擦，造成接触部位的刮擦伤，多继发摔跌伤或碾压伤。拖擦伤则是人体被机动车刮带在路面上拖擦所形成的损伤。

(4)摔跌伤：人体被车身挂倒，或被猛烈抛出车外，或在车辆行进中跳车而摔伤。因人体猛烈摔倒在地，会引起多处骨折、脏器破裂出血或颅脑损伤。

(5)挤压伤：人体受到车辆、车内部件或被撞毁的建筑物的挤压形成的损伤。挤压伤可分为车外挤压伤和车内挤压伤。

(6)切割/刺伤：人体被锐利的物体，如玻璃、金属等切割、刺入所造成的损伤。

(7)挥鞭伤：在撞车或紧急刹车时，因强大的惯性和推力致使车内人员损伤，也称为减速伤。发生减速伤时，人的头部和体内脏器会猛然向前移位，然后又回复原位(前后快速摆动)，会造成颈椎错位、骨折以及心脏和冠状动脉挫伤，但没有明显的外出血和局部伤害表现，是隐蔽伤，极易在现场抢救中被忽略。

(8)烧伤/爆炸伤：车辆撞击后，起火爆炸引起的复合损伤。

(9)淹溺伤：车辆坠入江、河、湖、海中，引起的车内人体伤亡。

### (二)伤情特点

(1)致伤机制复杂，多发伤、复合伤常见。

在交通事故过程中可有碰撞、碾压、挤压、刮擦、摔跌、爆炸等多种损伤机制并存，主要受伤部位可累及头颅、四肢、胸部、腹部、骨盆、脊柱等，因此，同一交通伤伤员可同时发生多种损伤，而同一类损伤可能出现在多个部位和系统。死亡的主要原因为头部损伤，其次为失血性休克与内脏损伤。

(2)诊断难，死亡率、致残率高。

由于交通伤的致伤机制复杂，且伤员常无法自诉伤情，因此，短时间内对其多发伤、复合伤进行及时、准确、完整的诊断难度很大，大出血、休克等发生率高，病情易进一步恶化，死亡率、致残率高。

(3)伤情严重，救治矛盾。

交通伤所致损伤部位多，通常为闭合伤与开放伤、多部位与多系统的创伤同时存在，很多伤情症状和体征相互掩盖。救治过程中可能与治疗原则发生很多矛盾，甚至冲突。

### (三)伤情评估与判断

1. 全身状态的评估

(1)意识障碍，表明有颅脑损伤或休克，病情危重。

(2)呼吸不规则、呼吸困难或呼吸停止，表明有颅脑损伤或高位颈椎损伤、胸部外伤、呼吸道梗阻。

(3)脉搏弱或触不到，表明出血多，损伤严重，处于休克状态。

(4)瞳孔不等大或扩大，表明有严重颅脑损伤。

2. 重要脏器损伤的评估

(1)颅脑损伤：头部出血或血肿，意识不清，瞳孔改变。

(2)胸部损伤：胸部有伤口或擦伤，胸廓变形，呼吸困难。

(3)腹部损伤：腹痛、压痛、肝区及脾区叩击痛，休克。

(4)脊柱骨折：脊柱畸形，四肢瘫痪(颈椎)或双下肢瘫痪(胸、腰椎)。

(5)四肢骨折：肢体肿胀、畸形，活动受限。

### (四)现场急救措施

1. 现场环境评估和自身防护

交通事故的救援从现场环境评估开始，要确保伤员和救援人员的安全。交通事故后的危险因素包括车辆、危险物质、火灾、灰尘以及伤员的血液和体液等。救援人员应设置提醒标志、使用灯光和反光背心等，防止其他来往车辆的伤害。同时还要注意车辆是否会燃烧或爆炸，是否有落石、坍塌等危险等。救援人员应进行标准化防护。

2. 准确判断伤情

查看伤员的全身状态及重要脏器损伤情况，确认致伤机制能够更好地评估伤员，确定伤员需要哪种类型的救护，对现场伤员本着“先救命、后治伤”的原则，先脱离险境后抢救、先复苏生命后对症、先救重伤后处理轻伤、先抢救再后送。识别危重伤员，按照优先级别进行紧急处理和转送。

3. 急救处理

(1)维护呼吸和循环功能。为保持气道通畅，宜迅速清除口鼻中的异物、分泌物、呕吐物；对下颌骨骨折而无颈椎损伤的伤者，可将颈部托起，头后仰，使气道开放；对于有颅脑损伤而深昏迷及舌后坠的伤者，可将舌拉出并固定，或放置口咽通气管。对心搏、呼吸停止者，进行心肺复苏。有条件者可予氧气吸入，及时建立静脉通道。

(2)止血包扎。如有出血，应用无菌纱布直接压迫止血，必要时可用止血带结扎止血，止血带上应有标记，注明时间，定时放松，以防肢体缺血坏死。

(3)骨折固定。在现场救助中，骨折固定均为临时性的，因此一般以夹板固定为主；也可以用现场物品如木板、竹竿、树枝等替代。

(4)减少污染。开放性颅脑损伤或开放性腹部伤，脑组织或腹腔内脏脱出者，不应将污染的组织塞入，宜用无菌碗或类似的清洁容器将脱出组织覆盖，然后包扎。

(5)特殊情况处理。具体如下：

①当有木桩等物刺入体腔或肢体时，不宜立即拔出，等送达医院后准备手术时再拔出。有时该物体正好刺破血管，不能拔出，暂时尚起填塞止血作用，一旦现场拔除，会引起大出血，导致来不及抢救。

②如发现胸壁局部浮动(连枷胸，即多根多处肋骨骨折产生矛盾呼吸)，应用宽胶布(胶带)固定胸壁。

③若有开放性胸部损伤，应立即取半卧位，对胸壁伤口行封闭包扎，使开放性气胸改变成闭合性气胸，迅速送医院。救援人员若能断定张力性气胸者，有条件时可行穿刺排气

或上胸部置引流管。

④如遇有肢体、耳或鼻断离者，在用无菌纱布包扎残端后，应同时将断肢(指)、断鼻或断耳等器官用无菌敷料包裹后一并送到医院，以利考虑再植。

(6)搬运护送。对于脊柱损伤者，搬动必须平稳，防止出现脊柱的弯曲；对于脊柱骨折者，应使用硬质担架；对于颈椎损伤者，搬运过程中用颈托固定头部，如果无颈托，可用软枕或沙袋置于颈部两侧加以固定，以免头部晃动。

4. 现场救援人员之间的协调

在交通事故现场，参与救援的警察、消防、医疗和其他救援人员一定要明确各自的职责，各施其责，互相协调。

警察的现场职责包括疏导交通，控制现场或周围的混乱、拥挤，确定警戒范围，保护现场，以备调查；负责驱散或控制干扰现场救援的人员，指挥有可能阻塞救援通道的车辆离开现场等。

消防人员的现场职责主要是汽车灭火，还应控制任何泄漏的毒物，直接从烟雾之中救援伤者，固定倾斜的汽车(使用气囊或木托)，保护其他人员或伤者避免被挂落的电线触电。对伤员进行解脱救援，使用液压切割、扩张等破拆工具，将伤者从损毁的汽车中解救出来，清理和移除现场任何可能造成人员伤害的物品，为现场救援建立照明和电力供应等。

现场医务人员应迅速救护伤者，当伤者众多而医务人员不足时，应该请部分消防和救援人员参加伤员的急救与转送工作。

事故现场假如被有毒物质污染，则必须要有经过专门培训的洗消人员负责现场消杀处理。进入现场的人员要穿戴专门防护服。对伤者也必须进行现场洗消。

### (五)预防

大多数交通事故是可以避免的。加强机动车行驶的安全教育和管理，可以很大幅度减少交通事故的发生。交通事故预防主要措施：①开展安全教育，提升驾驶人素质，制定严厉的法律法规，禁止酒后驾驶和疲劳驾驶等；②行人及骑车者应遵守交通规则，不闯红灯、乱穿马路等；③改进车辆设计、制造工艺，提高安全性能；④对道路、环境进行整治，提高安全等级。

## 三、动物伤害、烫伤等常见事故现场急救

### (一)动物伤害常见事故现场急救

自然界中能够攻击人类造成损伤的动物可利用其牙、爪、角、刺等对人展开袭击，造成咬伤、蜇伤和其他损伤(包括过敏、中毒、继发感染、传染病等)。大多数动物咬伤是由人类熟悉的动物所致，常见的有狗、猫、毒蛇咬伤等，动物蜇伤常见于蜜蜂、黄蜂蜇伤。

1. 狗咬伤与狂犬病的现场急救

狗咬伤部位以四肢、头面颈部多见，伤口多不规则、深浅不一，还会流血、肿胀，伤

口污染严重时，易发生感染。狂犬病是由狂犬病病毒所致的急性传染病，人兽共患，常见于犬、狼、猫等肉食动物，人多因被病兽咬伤而感染发病。在现实生活中，有时很难区分病兽与健兽，家犬可成为无症状携带者，携菌率为 10%～25%，因此不管是病兽，还是貌似“健康”的肉食动物，若人体破损的皮肤被其舔舐，或者被其抓伤、咬伤，均应紧急处置，阻断和减少狂犬病病毒对人体局部组织侵入、繁殖、扩散，进而侵犯中枢神经系统。

近几年来，一些地区狗咬伤的病例屡见不鲜。狂犬病潜伏期(从被咬伤后到首发症状出现的时期)长短不一，多数为 1～3 个月，极少在 1 周以内或 1 年以上，与年龄、伤口部位、伤口深浅、入侵病毒数量和毒力等因素相关。一旦被狂犬病病毒感染致病，死亡率近乎 100%。因此，伤口的现场紧急处理极为重要。

人被狗咬伤易感染狂犬病毒。狂犬病病毒主要存在于病畜的脑组织及脊髓中，其涎腺和涎液中也含有大量病毒，并随涎液向体外排出。被病犬咬伤、抓伤后，病毒可经唾液由伤口途径进入人体，导致感染。狂犬病病毒对神经组织具有强大的亲和力，在伤口入侵处及其周围的组织细胞内可停留 1～2 周，并生长繁殖，若未被迅速灭活，病毒会沿周围传入神经上行到达中枢神经系统，引发狂犬病。

(1)伤情评估与判断。感染病毒后是否发病，与潜伏期的长短、咬伤的部位、入侵病毒的数量、毒力及机体抵抗力有关。咬伤越深、越接近头面部，其潜伏期越短、发病率越高。

症状：发病初期时伤口周围麻木、疼痛，逐渐扩散到整个肢体；继之出现发热、乏力、烦躁、恐水、怕风、咽喉痉挛；最后导致肌瘫痪、昏迷、循环衰竭，甚至死亡。

体征：有利齿造成的深而窄的伤口，出血，伤口周围组织水肿。

(2)现场急救措施：凡是被狗咬伤都应立即进行急救治疗。

①吸出毒素：立即用火罐或吸奶器将伤口内的血液吸出，同时把毒素吸出。

②伤口处理：a. 如伤口流血，只要流血不是过多，不要急于止血，流出的血液可将伤口残留的狂犬唾液带走，起到一定的消毒作用。b. 对流血不多的伤口，要从近心端向伤口处挤压出血，以利排毒。在 2 小时内，及早彻底清洗，减少狂犬病毒感染机会。c. 用干净刷子，浓肥皂水反复刷洗伤口，尤其是伤口深部，及时用清水冲洗，刷洗时间至少 30 分钟。d. 冲洗后，用 70%乙醇或 50%～70%酒精度白酒涂搽伤口数次，不包扎，保持伤口裸露。对于被狗抓伤、舔吮，以及唾液污染的伤口，均应按咬伤处理。伤口深而大者应放置引流条，以利于污染物及分泌物的排除。只要未伤及大血管，一般不包扎伤口，不作一期缝合，不用油剂或粉剂置入伤口。对伤口延误处理且已结痂者，应去除结痂后，按上述原则处理。伤及大动脉、气管等重要部位或创伤过重时，须迅速予以生命支持措施。

③注射狂犬病疫苗：尽早到疾病预防控制中心注射狂犬病疫苗，可在伤口周围肌注抗狂犬病免疫血清，以增加预防效果。注射破伤风抗毒素，并注射或口服抗生素预防感染。

④送医院：对有前驱症状者，应立即送医院治疗。

(3)预防措施：

①严格管理家犬，与宠物不要过于亲昵，应按时给宠物注射狂犬疫苗。

②遇见陌生的狗，不要与其对视，也不要试图意外逃跑，平静地站立即可。不要打搅正在睡觉或吃食的狗、猫。教育儿童不要靠近不熟悉的狗或猫，更不要抚摸和逗弄玩。

③被狗、猫撕咬污染的衣物，应及时换洗，并煮沸消毒、日光暴晒或使用消毒剂清洗。

④人被病兽抓、咬伤后，应在现场立即处理，同时立即前往疾病预防控制中心或具有狂犬疫苗的医疗机构尽早、全程、足量注射狂犬疫苗和接受治疗。

⑤救治狂犬病伤员时，参与施救、治疗、护理的救治人员执行标准预防措施，如戴一次性外科口罩、帽子，穿一次性隔离衣和戴乳胶手套。行气管插管等有液体喷溅或气溶胶产生等操作时，加戴护目镜或面屏。狂犬病伤员的污染物、分泌物和住处均应彻底消毒。

2. 毒蛇咬伤的现场救治

蛇咬伤是一种常见动物致伤疾病，粗略估计，我国每年的蛇咬伤病例达数百万，毒蛇咬伤为 10 万~30 万人，70%以上是青壮年，病死率约为 5%，蛇咬伤致残而影响劳动生产者高达 25%~30%，给社会和家庭带来沉重负担。蛇咬伤多发生于农村偏远地区，目前国内尚缺乏流行病学监测和报告体系，蛇咬伤的发病率存在严重低估。

蛇分为无毒蛇和毒蛇两类。无毒蛇咬伤只在局部皮肤留下两排对称的细小齿痕，轻度刺痛，无生命危险。毒蛇咬伤后伤口局部常有一对较深齿痕，蛇毒注入体内，引起严重中毒而危及生命。我国已发现毒蛇约 50 种，其中剧毒、危害大的蛇种主要有眼镜蛇科(眼镜蛇、眼镜王蛇、金环蛇、银环蛇)，蝰蛇类的蝰亚蛇科(蝰蛇)，腹亚蛇科(五步蛇即尖吻蛇、竹叶青、蝮蛇、烙铁头)，海蛇科(海蛇)。蛇生活的适宜温度为 25~35℃，故毒蛇咬伤在我国南方和沿海地区较为常见，夏、秋两季多见，咬伤部位多为四肢。

毒蛇口腔内有毒腺，由排毒管与毒牙的基部牙鞘相连。毒腺所分泌的毒液，称为蛇毒。当毒蛇咬人时，毒腺收缩，蛇毒通过排毒管，经有管道或沟的牙，注入人体组织。按蛇毒的性质及其对机体的作用，主要分为神经毒素、血液毒素及细胞毒素等。各种毒蛇毒液的毒性强度互不相同，有的毒蛇伤人后死亡率高，有的仅引起症状。

(1)伤情评估与判断：一旦被蛇咬伤，要迅速判断是否为毒蛇咬伤。如全身和局部症状严重，则较易判断，但往往为时已晚。

①蛇形：毒蛇头部外观多呈三角形，口腔内有一对毒牙，体背见特殊斑纹，体型粗短不匀称，尾巴短钝或侧扁，毒蛇多数不甚怕人，爬行慢；无毒蛇头多呈椭圆形，口腔内无毒牙，体背多呈暗色无斑纹，体型较均匀，尾巴细长，无毒蛇多数怕人，爬行迅速。

②牙痕：毒蛇咬伤的伤口表皮常有一对大而深的牙痕，或两列小牙痕上方有一对大牙痕，有的大牙痕里甚至留有断牙；无毒蛇咬伤则无牙痕，或有两列对称的细小牙痕。如果蛇咬伤发生在夜间，无法看清蛇形，从伤口上也无法分辨是否为毒蛇所伤时，注意不可等待伤口情况发生变化再进行判断，应及早送医院检查治疗。

③伤情：无毒蛇咬伤部位可见两排小锯齿状的牙痕，伴有轻微的疼痛和(或)出血，数分钟出血可自行止停止，疼痛渐渐消失，局部无明显肿胀、坏死。全身症状不明显，可表现为轻度头晕、恶心、心悸、乏力等，往往是受紧张、恐惧情绪所影响，部分患者也会出现全身过敏表现。

被毒蛇咬伤后，机体受到不同毒素的影响，出现的伤情可有所不同。

a. 神经毒损伤：蛇毒吸收快，伤口反应较轻。因局部症状不明显，咬伤后不易引起重视，一旦出现全身中毒症状，则病情进展迅速和危重。

局部症状表现轻微，仅有微痒和轻微麻木，无明显红肿，疼痛较轻或感觉消失，出血少，齿痕少渗透液。

全身症状一般在 1~3 小时后出现，表现为视物模糊、四肢无力、头晕、恶心、胸闷、呼吸困难、晕厥、眼睑下垂、流涎、声音嘶哑、牙关紧闭、语言及吞咽困难、惊厥、昏迷等，重者迅速出现呼吸衰竭和循环衰竭。呼吸衰竭是主要死因，病程较短。危险期在 1~2 日内，幸存者常无后遗症。神经毒引起的骨骼肌弛缓性麻痹，以头颈部为先，扩展至胸部，最后到膈肌，好转时以反方向恢复。

b. 血液毒损伤：常见于蝰蛇、五步蛇、蝮蛇、竹叶青、烙铁头、眼镜蛇、眼镜王蛇等。局部症状显著。

局部症状表现为明显肿胀，伤口剧痛，伴有水疱、出血、咬痕斑和局部组织坏死。肿胀迅速向肢体近端蔓延，并引起淋巴管炎或淋巴结炎、局部淋巴结肿痛，伤口不易愈合。

全身症状多在咬伤后 2~3 小时出现，可有头晕、恶心、呕吐、胸闷、气促、心悸、口干、出汗、发热等症状，重者可有皮肤巩膜及内脏广泛出血、贫血、溶血、血红蛋白尿、心肌损害、心律失常，甚至发生急性心、肝衰竭，急性肾损伤、休克等。

c. 细胞毒损伤：细胞毒可导致肢体肿胀、溃烂、坏死，可继发心肌损害、横纹肌溶解、急性肾损伤，甚至多器官功能障碍综合征。

d. 混合毒素损伤：眼镜蛇、眼镜王蛇、蝮蛇等咬伤常可同时出现神经毒、血液毒的临床表现。临床特点为发病急，局部与全身症状均较明显。

如果蛇咬伤发生，无法辨识蛇形，从伤口上也无法分辨是否为毒蛇所伤，则必须按毒蛇咬伤处理。毒蛇与无毒蛇咬伤的区别见表 5-2。

表 5-2　**毒蛇与无毒蛇咬伤的区别**

| 比较项目 | | 毒蛇 | 无毒蛇 |
|---|---|---|---|
| 蛇外观 | 头型 | 多数呈三角形，亦有椭圆形 | 多数呈椭圆形，少数呈三角形 |
| | 体背、斑纹 | 体背见特殊斑纹，粗短，不匀称 | 多呈暗色，无斑纹，较均匀 |
| | 尾巴、外观 | 尾巴短钝或侧扁，不甚怕人，爬行慢 | 尾巴细长，怕人，爬行迅速 |
| | 牙痕 | 一对，深、浅、粗、细依蛇种而论 | 呈锯齿状，浅小，密集成排 |
| 伤情 | 疼痛 | 剧痛、灼痛，渐渐加重，麻木感 | 疼痛不明显，不加剧 |
| | 出血 | 可见出血不止 | 出血少或不出血 |
| | 肿胀 | 瘀斑，血疱，变黑坏死，进行性肿胀 | 无肿胀 |
| | 淋巴结 | 附近淋巴结肿痛 | 无 |
| | 全身症状 | 较快出现 | 除紧张外，全身症状不明显 |
| | 血、尿检查 | 早期异常 | 无异常 |

(2)现场急救措施：

①与蛇隔离：立即远离被蛇咬的地方，如果蛇咬住不放，可用棍棒或其他工具促使其离开；水中被蛇(如海蛇)咬伤，应立即将受伤者移送到岸边或船上，以免发生淹溺。

②保持冷静：被毒蛇咬伤后，千万不要惊慌、大声惊呼、乱跑奔走求救，这样会加速毒液吸收和扩散。尽可能辨识蛇有何特征，如条件允许，对毒蛇进行识别、照相。不可食用酒、浓茶、咖啡等兴奋性饮料，兴奋性饮料会加速毒液吸收和扩散。

③立即绑扎：用手帕、布条或者长袜等，在最短时间内绑扎于伤口近心端，阻断毒液经静脉和淋巴回流入心，而不妨碍动脉血的供应。绑扎无须过紧，松紧度维持于能使被绑扎的肢体下部(即远端)动脉搏动稍微减弱为宜。每隔 30 分钟松解绑扎一次，每次 1~2 分钟，同时视实际状况而定，如果伤处肿胀迅速扩大，要检查是否绑得太紧，应缩短绑扎放松的间隔时间，以免影响肢体血液循环，造成组织坏死。一般在医院内开始有效治疗(如注射抗蛇毒血清、伤口处理)10~20 分钟后可去除绷扎。

④立即送医：毒蛇咬伤后，应分秒必争送至有抗毒蛇血清的医疗单位接受救治。急救途中可服用蛇药片(如季德胜蛇药片等)，或将蛇药片用清水溶成糊状涂在伤口四周。

(3)预防措施：

①建立蛇伤防治网络，搞好住宅周围的环境卫生，彻底铲除杂草，清理乱石，消灭毒蛇的隐蔽场所。

②教育群众预防蛇伤的基本知识。进入草丛前，应先用棍棒驱赶毒蛇。进入山区、树林、草丛地带时应穿好长袖上衣、长裤及鞋袜，并扎紧裤腿，必要时戴好草帽，注意排查毒蛇的存在。

③野外露营时，应清除宿营地附近的长草、泥洞、石穴，以防蛇类躲藏。睡前和起床后，应检查有无蛇潜入。不要随便在蛇可能栖息的地方坐卧，禁止用手伸入鼠洞和树洞。四肢涂防蛇药液及口服蛇伤解毒片，也能发挥预防蛇咬的作用。

④遇到毒蛇时，应远道绕过，不要惊慌失措，或采用左、右拐弯的走动来躲避追赶的毒蛇，或站在原处，面向毒蛇，注意来势，左右避开。

⑤熟悉各种蛇类特征及毒蛇咬伤急救方法。

3. 蜂蜇伤的现场急救

野外作业或野游时，如果被蜂蜇伤，不能掉以轻心，应引起重视。有些蜂毒进入血液循环可发生严重过敏反应，出现荨麻疹、喉头水肿、支气管痉挛等，可因过敏性休克、血压下降、窒息而致命。蜂蜇伤是一种常见的可威胁生命的急症。

常见的是蜜蜂和黄蜂(又称马蜂)蜇伤，常发生于暴露部位，如头面、颈项、手背和小腿等。蜂的尾部有毒腺及与之相连的尾刺，雌蜂和工蜂蜇人时尾刺刺入皮肤，并将毒液注入人体，引起局部反应和全身症状。雌蜜蜂尾刺为钩状，蜇刺后尾刺断留在人体内，飞离后毒囊仍附着在尾刺上，继续向人体注毒。蜇人后蜜蜂将死亡，雄蜂一般不蜇人。蜂毒可致神经毒、溶血、出血、肝或肾损害等作用，也可引起过敏反应。不同蜂种蜂毒成分有所不同。

(1)伤情评估与判断：轻症者伤口有剧痛、灼热、红肿、瘙痒，少数形成水疱，数小时后可自行消退；过敏者可出现麻疹、口唇及眼睑水肿、腹痛、腹泻、呕吐，甚至喉头水肿、气喘、呼吸困难等；重症者出现少尿、无尿、心律失常、血压下降、出血、昏迷等症状，甚至因呼吸、循环等多器官功能不全或衰竭而死亡。

(2)现场急救措施：

①挑出尾刺。被蜂蜇伤后，仔细检查伤口，若尾刺尚在伤口内，可见皮肤上有一小黑点，用针尖挑出，或用胶布粘贴的方法将残留在体内的螫刺摘除。在野外无法找到针或镊子时，可用嘴将刺在伤口上的尾刺吸出。不可挤压伤口，以免毒液扩散，也不能用汞溴红溶液、碘酒之类涂搽患部，会加重患部的肿胀。

②中和毒液：伤后立即先用清水、生理盐水清洗伤口，如为黄蜂蜇伤，其毒液为碱性，可用1%醋酸或食醋等弱酸性液体洗敷伤口；若为蜜蜂蜇伤，其毒液为酸性，可用肥皂水、5%碳酸氢钠溶液或3%淡氨水等弱碱液洗敷伤口，以中和毒液。局部红肿处可外用炉甘石洗剂或白色洗剂，以消散炎症，或用抗组胺药、止痛药和皮质类固醇油膏外敷。红肿严重伴有水疱渗液时，可用3%硼酸水溶液湿敷。

③绑扎伤肢：针对四肢被严重蜇伤的患者，应立即绷扎被刺肢体近心端，总时间不宜超过2小时，每15分钟放松1分钟，可用冷毛巾湿敷后立即送医继续救治。

④立即送医：全身中毒症状明显者或被蜂蜇有过敏反应导致休克者，应立即送医院急救。

(3)预防措施：

①教育儿童不要戏弄蜂巢，不要随意捅马蜂窝。如果发现蜂巢，应由专业人员彻底捣毁，以消灭黄蜂及幼虫，在捣毁蜂巢时要加强个人防护。

②上山劳动、作业时，应戴草帽、手套，穿长袖衣衫和长裤等，裤子应能够扎到靴子里，必要时佩戴面罩，做好自我防护。

③蜂在飞行时不要追捕，以防激怒而被蜇。

④如果被蜂袭击，不要惊慌奔跑，应立即就地蹲下，用随身携带的衣物遮挡头面、颈部和身体其他裸露部位，耐心静候，等蜂群攻击平息后，再慢慢离开。

⑤掌握蜂蜇伤初步自我救治方法。

### (二)烫伤事故现场急救

烫伤是工农业生产和日常生活中常见的意外伤害。烫伤是由无火焰的高温液体(沸水、热油、钢水)、高温固体(烧热的金属等)或高温蒸气等所致的组织损伤，主要是指皮肤、黏膜的损伤，严重者伤及皮下组织。常见的烫伤是低热烫伤，低热烫伤又可称为低温烫伤，是因为皮肤长时间接触高于体温的低热物体而造成的烫伤。

引起烫伤的原因很多，最常见的为热力烧伤，如被沸水、热金属、沸液、蒸气等。一般情况下，皮肤与低温热源短时间接触，仅造成真皮浅层的水疱型烫伤，但如果低温热源持续作用，就会逐渐发展为真皮深层及皮下各层组织烫伤。低温烫伤和高温引起的烫伤不同，创面疼痛感不十分明显，仅在皮肤上出现红肿、水疱、脱皮或者发白的现象，面积也不大，烫伤皮肤表面看上去烫伤不太严重，但创面深严重者甚至会造成深部组织坏死，如果处理不当，严重会发生溃烂，长时间难以愈合。

1. 伤情评估与判断

烧烫伤深度判断，临床普遍采用的方法是三度四分法。

(1) Ⅰ度：伤及表皮浅层，局部轻度红肿、无水疱、疼痛明显。

(2) Ⅱ度：浅Ⅱ度伤及表皮的生发层与真皮乳头层(真皮浅层)；深Ⅱ度伤及皮肤真皮乳头层及部分真皮网状层。局部红肿疼痛，有大小不等的水疱。

(3) Ⅲ度：伤及皮肤全层，甚至可深达皮下、肌肉、骨骼等。皮肤坏死，脱水后可形成焦痂，故又称焦痂性烧伤。创面无水疱、无弹性，并呈灰或红褐色，无疼痛。

按烧烫伤的面积分度，烫伤面积可采用手掌法估算，不论年龄、性别，将伤者本人五指并拢后的掌面面积即估算为1%体表面积，以它为单位衡量烫伤面积，具体见表5-3。

表5-3　**烧烫伤的面积分度**

| 程度 | 面积评估 |
| --- | --- |
| 轻度 | 总烧烫伤面积<9%的Ⅱ度烧烫伤 |
| 中度 | 总烧烫伤面积10%~29%或Ⅲ度烧烫伤面积<10% |
| 重度 | 总烧烫伤面积30%~49%或Ⅲ度烧烫伤面积10%~19%；或面积未达到上述比例，但出现休克、复合伤等其中一种情况 |
| 特重度 | 总烧烫伤面积>50%或Ⅲ度烧烫伤面积>20%；或已有严重并发症者 |

2. 现场急救措施

迅速脱离热源可避免进一步伤害。烫伤的急救处理，谨记五字要诀：“冲、脱、泡、盖、送”。

(1)冲：烫伤后，立即用流动的冷水、自来水轻轻冲洗伤处至少10分钟，或把烫伤部位置入洁净的冷水中浸泡30分钟以上，水温5~20℃为宜，水温不得低于5℃，以免冻伤。烫伤后越早冷却，治疗效果越好，避免热力持续作用，使烫伤加重。

(2)脱：边轻轻地冲洗边轻柔地脱掉烫伤处的衣物，若衣物与伤处黏在一起，不可用力强行撕脱，以免造成烧烫伤部位皮肤大面积剥脱，可在缓慢流动水下用剪刀剪开衣物，注意避免弄破伤处的水疱。

(3)泡：将伤处继续浸泡在冷水中，减轻疼痛。

(4)盖：用干净的衣物、毛巾、布单、纱布等覆盖伤处。

(5)送：尽快送至具有救治烫伤的医院治疗。

根据烫伤程度、面积大小给予适当处理。

Ⅰ度烫伤：仅有表皮烫伤，皮肤有发红、疼痛的现象，立即用冷水冲洗或将伤处浸在凉水中，进行冷却治疗，迅速降温，减轻余热损伤，减轻肿胀，止痛，防止起疱。随后用万花油、新鲜芦荟汁或烫伤膏等涂于烫伤部位，3~5天便可治愈。有条件者可使用湿润烧伤膏。

Ⅱ度烫伤：包括浅Ⅱ度烫伤及深Ⅱ度烫伤，正确处理水疱，避免小水疱破损，水疱未破者不要弄破水疱，先进行冷却治疗，迅速就医。大水疱可在无菌操作下低位用消毒针头刺破、抽吸，创面以消毒敷料保护或局部涂上烫伤膏后用纱布包扎，松紧度适宜。已破的水疱或污染较重者，不可浸泡，以防感染，可用无菌纱布或者干净的布料包裹伤处，冷敷患处周围，并立即就医。

Ⅲ度烫伤：创面直达皮下组织，皮肤呈灰或红褐色现象，烫伤非常严重，须立即就医。立即用清洁的被单或衣服简单包扎，避免污染和再次损伤，创伤面不要涂药物，也不要在伤口上涂牙膏、酱油、乙醇、紫药水、红汞等，应保持清洁，避免影响病情观察与处理，迅速前往医院救治。

伤者口渴时，可给予少量的热茶水或淡盐水服用，绝不可以在短时间内饮服大量的开水，以免导致伤者出现脑水肿。严重烫伤者在转送途中可能会出现休克甚至呼吸、心跳停止，应立即进行心肺复苏。

3. 预防

(1)健康宣教。加强对群众烫伤预防和急救的知识宣教，让其认识到预防烫伤的重要性，增加人群的安全意识和防范意识，从而避免发生烫伤。

(2)儿童烫伤更常见，家长应看管好孩子，家庭中一切温度较高的液体及其容器，如开水瓶、热油、热汤、热稀饭等，应放在小孩活动区域以外的安全地方。不要将小孩单独留在厨房中或火炉旁，不要抱小孩煮饭、炒菜，以防不慎造成烧伤烫伤。

(3)洗澡时，应先放冷水后再兑热水，水温不高于40℃。热水器温度应调到50℃以下，因为水温在65~70℃时，两秒钟内就可能使幼儿严重烫伤。

(4)冬季使用热水袋保暖时，热水袋外边用毛巾包裹，手摸上去不烫为宜。注意热水袋的盖一定要拧紧，经检查无误才能使用，定时更换温水，以免造成烫伤。

## 四、中暑、淹溺事故现场急救

### (一)中暑事故的现场急救

中暑是指人体在高温环境下，特别是湿度大、无风的环境中，由于水和电解质丢失过多、散热功能障碍，引起的热损伤性疾病，以中枢神经系统和心血管系统功能障碍为主要表现，可导致永久性脑损伤、肾衰竭，是一种危及生命的急症，可导致死亡。

引起中暑的主要原因是人体不能充分适应高温环境。在高温环境作业，或在室温>32℃、湿度>60%、通风不良的环境中，或夏季烈日暴晒下长时间工作或从事重体力劳动，且没有足够的防暑降温措施时，易发生中暑。若存在机体适应高温环境的能力下降情况，如年老、体弱、产妇、肥胖、甲状腺功能亢进和应用某些药物(如苯丙胺、阿托品)、汗腺功能障碍(如硬皮病、先天性汗腺缺乏症、广泛皮肤烧伤后瘢痕形成)等，则更容易发生中暑。

人体作为一个恒温机体，主要依靠神经内分泌系统来维持体温恒定。正常人体温为36.5±0.7℃，保持体温稳定需要保持产热和散热的平衡。如果机体产热大于散热或散热受阻，则体内就有过量热蓄积，产生高热，当体温高于42℃时，高热直接作用于细胞膜及细胞内结构，对细胞产生直接损伤作用，引起酶变性、线粒体功能障碍、细胞膜稳定性丧失和有氧代谢途径中断，导致多器官功能障碍或衰竭。

具体的发病机制有：①机体热调节不当、体温升高，引起中枢神经系统兴奋，内分泌腺体功能亢进，耗氧量增加，酶活力增强，新陈代谢增强，产热量进一步增加。②体内热蓄积致中枢神经功能受损。③散热时大量出汗致脱水。④出汗时，盐的丢失致电解质紊乱，如低钾、低钠。⑤高热后导致肠缺血，肠源性内毒素吸收促发系统性炎症反应综合征(SIRS)。⑥微循环障碍、微血管内皮细胞水肿，血小板聚集、白细胞黏附和红细胞聚集，导致弥散性血管内凝血(DIC)。

1. 病情评估与判断

根据临床表现的轻重程度，中暑分为以下三种：

(1)先兆中暑：在高温环境下工作一段时间后，出现大汗、口渴、乏力、头晕、目眩、耳鸣、头痛、恶心、胸闷、心悸、注意力不集中等表现，体温可正常或略高，不超过38℃。如及时将病人转移到阴凉通风处安静休息，补充水分、盐分，短时间即可恢复。

(2)轻症中暑：除上述先兆中暑症状加重外，体温升至38℃以上，出现面色潮红、苍白、烦躁不安、表情淡漠、恶心呕吐、大汗淋漓、皮肤湿冷、脉搏细数、血压偏低、心率加快等虚脱表现，如进行及时有效处理，可于数小时内恢复。

(3)重症中暑：出现痉挛、惊厥、昏迷等神经系统表现，或高热、休克等，包括热痉挛、热衰竭和热射病三型。

热痉挛：病人出现四肢、腹部、背部的肌肉痉挛和疼痛，常发生于腓肠肌，呈对称性和阵发性，也可出现肠痉挛性剧痛。病人意识清楚，体温一般正常。

热衰竭：表现为头晕、头痛、恶心、呕吐、脸色苍白、大汗淋漓、皮肤湿冷、呼吸增快、脉搏细数、心律失常、晕厥、肌痉挛、血压下降等。体温正常或略高，一般不超过40℃。若中枢神经系统损害不明显，病情轻而短暂者称为热晕厥，可发展为热射病。

热射病：是中暑最严重的类型，也称中暑高热。病人出现高热、无汗、意识障碍，体温超过40.5℃。可出现皮肤干燥、灼热、谵妄、昏迷、抽搐、呼吸急促、心动过速、瞳孔缩小、脑膜刺激征等表现，严重者出现休克、心力衰竭、脑水肿、急性呼吸窘迫综合征、急性肾损伤、弥散性血管内凝血、多器官功能衰竭，甚至死亡。

2. 现场急救措施

(1)降温。首先将患者迅速脱离高热环境，移至通风良好的阴凉地方或20～25℃房间，解开衣扣，让患者平卧。然后用冷毛巾敷其头部，给他扇风，并用纱布裹住冰块或冰棒放在体表大动脉处，直至体温低于38℃。还可同时进行皮肤肌肉按摩，加速血液循环，促进散热。冷敷加电风扇吹，冷水浴，乙醇浴均可选择。

(2)补充水分和无机盐类。对能饮水的病人，给其口服淡盐水或含盐清凉饮料。轻症中暑者可口服十滴水、人丹、藿香正气水等解暑药。

(3)一般先兆中暑者和轻症中暑者经现场救护后均可恢复正常，但对疑为重症中暑者，应在继续抢救的同时立即送医院，转送指征：①体温>40℃；②行降温措施(抬到阴凉地方、洒水、扇风等持续15分钟)后体温仍大于40℃；③意识障碍无改善；④缺乏必要的救治条件。

3. 预防

(1)暑热夏季加强预防中暑宣传教育，普及防暑降温卫生知识，做好防暑降温预案。

(2)注意收听高温预报，合理安排作息时间。炎热天气尽量减少户外活动，不宜在热的中午、强烈日光下过久活动或暴晒，尤其是每天11:00~15:00尽量减少外出，适当午休，加强个人防护，戴遮阳帽，穿宽松浅色透气衣服。

(3)在高温天气，注意室内通风，饮食宜清淡，多喝些淡盐开水、绿豆汤，每天勤洗澡、擦身。

(4)高温环境下，大量出汗，出现口渴、头痛、眼花、恶心、全身软弱无力、心慌等先兆中暑症状时，应引起警惕，立即到阴凉通风处降温、休息和饮水。

(5)野外工作或外出露天活动时，一定要带上防暑物品，避免暴露于阳光太久，注意补充水分。

(6)中暑病人恢复后，数周内应避免阳光下剧烈活动。

### (二)淹溺事故的现场急救

淹溺常称溺水，是指人体被浸没在水或其他液性介质中，呼吸道为液体堵塞或产生喉头痉挛，大量液体被吸入肺内，引起窒息和缺氧，导致呼吸、心跳停止。淹溺是意外死亡的重要原因之一。发生淹溺最常见的液性递质是淡水或海水。

淹溺常发生在夏季，多见于沿海国家和地区，常见于儿童和青少年，若处理不及时，将危及生命。因此，救援者有必要掌握相关急救知识，以对病情做出快速、准确的判断，开展有效的救治。同时应有效普及相关科学知识，预防事故的发生。

淹溺常见于水上运动(游泳、划船意外等)、跳水(头颈或脊髓损伤)或潜水员因癫痫、心脏病或心律失常、低血糖发作引起神志丧失者；下水前饮酒或服用损害脑功能药物及水中运动时间较长过度疲劳者；也可见于水灾、交通意外或投水自杀者等。

人淹没于水中后，本能地出现反射性屏气和挣扎，避免水进入呼吸道。但由于缺氧，被迫深呼吸，从而使大量水进入呼吸道和肺泡，阻滞气体交换，加重缺氧和二氧化碳潴留，造成严重缺氧、高碳酸血症和代谢性酸中毒。

1. 病情评估与判断

淹溺最重要的表现是窒息导致的全身缺氧，可引起呼吸、心脏骤停、脑水肿；肺部吸入污水可引起肺部感染、肺损伤。随着病程演变，将发生低氧血症、急性肾损伤、弥散性血管内凝血、多器官功能障碍综合征等，甚至死亡。如淹溺于粪坑、污水池和化学物质贮存池等处，还会伴有相应的皮肤、黏膜损伤和全身中毒症状。

根据溺水时间长短，淹溺可分为以下三种程度：

(1)轻度淹溺：落水片刻，吸入或吞入少量液体，有反射性呼吸暂停，意识清楚，心率加快，血压升高，肤色正常或稍苍白。

(2)中度淹溺：溺水1~2分钟，水可经呼吸道或消化道进入体内，由于反射依然存在，引起剧烈呛咳、呕吐，可出现意识模糊、烦躁不安，呼吸不规则或表浅，心率减慢，血压下降，反射减弱。

(3)重度淹溺：溺水3~4分钟，昏迷，面色青紫或苍白、肿胀，眼球突出，口腔及鼻腔充满血性泡沫，四肢厥冷，可有抽搐，血压测不到；呼吸、心搏微弱或停止；胃扩张，上腹膨隆。

诊断淹溺时，要注意淹溺时间长短、有无头部及颅内损伤。跳水或潜水淹溺者可伴有头或颈椎损伤。应向淹溺者的陪同人员详细了解淹溺发生的时间、地点和水源性质及现场施救情况，以指导急救。

2. 现场急救措施

(1)迅速使溺水者脱离淹溺环境。当发生淹溺事件，第一目击者应立刻启动现场救援程序。首先呼叫周围群众寻求援助，有条件时应尽快通知附近的专业水上救护员或警察、消防人员。同时尽快拨打120急救电话。当溺水者在水面漂浮时，第一目击者在专业救援到来之前，可向水中抛救生圈、木板等漂浮物，让其抓住这些器具不致下沉，或递给溺水者木棍、绳索等拉其脱险；不推荐多人拉手下水救援，不推荐非专业人员下水救援；不推荐跳水时将头扎进水中。在拨打急救电话时应注意言简意赅，特别讲清楚具体地点；不要主动挂掉电话，保持呼叫电话不被占线。呼叫者服从调度人员的询问程序，如有可能，可在调度指导下对进行生命体征判断，如发现无意识、无颈动脉搏动、无呼吸或仅有濒死呼吸，可在120调度指导下清理溺水者口腔异物，开放气道，进行人工呼吸和胸外心脏按压。

(2)保持呼吸道通畅。将溺水者抬出水面，从水中救出后，立即清除其口腔和鼻腔的水、义齿、泥草及污物，用纱布(手帕)裹着手指将溺水者舌头拉出口外，解开衣扣、领口，以保持呼吸通畅。将其置于平卧位，迅速检查其反应和呼吸，用5~10秒观察胸腹部是否有胸廓和腹部的起伏。

(3)人工呼吸。对呼吸停止者，开放气道后立即施行人工呼吸，一般以口对口吹气为最佳。若有条件，可给予吸氧。通过有效的人工通气迅速纠正缺氧是淹溺现场急救的关键。无论是现场第一目击者还是专业人员，初始复苏时都应该首先从开放气道和人工通气开始。

(4)胸外心脏按压。对呼吸、心跳均停止者，首先开放气道，立即进行人工呼吸和胸外心脏按压。

(5)复温。一旦将溺水者救上岸，应在不影响心肺复苏的前提下，尽可能去除湿衣服，擦干身体，防止溺水者出现体温过低(低于32℃)。对有意识的体温下降者，去除湿衣服后给予厚毛毯裹盖。对体温下降的无意识者，应送到有体外复温设施的医院。

(6)转送医院继续救治。在转送医院救治途中，若溺水者心跳、呼吸未恢复，则应继续心肺复苏，不要轻易放弃救护。尤其是淹溺在冷水中，由于在低温环境下，人体细胞耗氧量减少，外周血管收缩，这样可使得更多的动脉血液供给大脑和心脏，有可能会延长溺水者的生存时间，因此即使是溺水1小时，也应积极救护。

3. 预防

(1)水上生产、游乐活动时需穿上救生衣，且限定水上作业及游泳区域，设置醒目标志及禁令标志。

(2)对从事水上作业者，应定期进行严格健康检查，有慢性或潜在疾病者不宜从事水上活动，酒精会损害判断能力和自我保护能力，所以下水作业前不要饮酒。

(3)进行游泳、水上自救互救知识和技能训练。

(4)到有救生员的地方结伴游泳，不会游泳者不要单独下水，需有专业人员监护，不到水深的地方和危险的水域游泳。

(5)游泳前要做好充分准备活动，不要在吃饭后马上游泳，不宜在水温较低水域游泳，注意避免在情况复杂的自然水域游泳，或在浅水区跳水或潜泳。

(6)体力不佳时不要下水，疲乏、四肢抽筋时应立即上岸，游泳时间不要过长，以免造成身体过度疲劳和肌肉无力而发生溺水。

(7)如自己遇险，应镇静，及早举手呼救或漂浮，等待救援。

(8)如见有人溺水，应大声呼救，不熟悉救生技术者不要盲目施救。

(9)在海滩、江河、水(浴)池边等地需照管好儿童、老人。

## 项目三　灾害类事故现场急救

我国是世界上自然灾害最为严重的国家之一，我国的自然灾害具有灾害种类多、分布地域广、地区差异明显、发生频率高、造成损失重的特点。伴随着全球气候变化以及经济快速发展和城市化进程不断加快，资源、环境和生态压力加剧，自然灾害防范应对形势更加严峻复杂。人类面对自然灾害的严重威胁和挑战，虽然还不能主动地消灭和阻止所有灾害的发生，但是正确认识灾害，有效制定防灾减灾和灾后应对的措施，则可以大大地减轻灾害给我们带来的损失。

### 一、洪涝、泥石流事故现场急救

洪涝灾害是当今世界上最主要的灾害之一。我国是世界上发生洪涝灾害最频繁的国家之一，有2/3的国土面积、半数以上的人口、35%的耕地、2/3的工农业总产值受到洪水的影响。每年的雨季都会带来巨大的经济财产损失，人员伤亡也屡见不鲜，如1998年特大洪水全国共有29个省(区、市)遭受了不同程度的洪涝灾害，受灾面积3.18亿亩，成灾面积1.96亿亩，受灾人口2.23亿人，死亡4150人，倒塌房屋685万间，直接经济损失达1660亿元。我国地理条件复杂，山地丘陵数量大，每当汛期来临，山体上的水土流失严重，泥石流事故也时有发生，给乡镇人口的生命安全带来了极大威胁，如2010年甘肃舟曲泥石流灾害共造成遇难1557人，失踪208人。

#### (一)洪涝灾害

1. 洪水灾害概述

暴雨、急骤融冰化学、风暴潮等自然因素一起的江河湖海水量迅速增加或水位迅猛上涨，就形成洪水。我国大部分地区在大陆季风区气候的影响下，降雨时间集中，降雨量大，强度很大，每年6—8月集中全年降水的60%~80%。每当到了这个时候，全国长江、黄河、珠江流域各大城市乡镇都会出现或大或小的洪涝灾害。频繁的洪灾破坏了生态系统，直接威胁洪泛区的人民生命健康财产安全。虽说近年来我国防洪措施的不断增强，洪水给我们造成的损失有下降的趋势，可是随着近年来水利工程的增多，人类开发行为的加剧，和20世纪老旧水利设施的旧损，我们面临的洪水的防治压力还是很大。

2. 洪涝灾害现场急救

(1)自救。具体措施如下：

①由于洪水很有可能是冲破岸边堤防而导致的水位快速上涨，有可能来不及反应。当发现洪涝灾害发生，如时间充裕，应该向山坡、高地等处转移。当来不及转移时，应立即爬上屋顶、大树等高的地方暂时避险，等待援救。在洪水包围的情况下，要尽可能利用体积大的容器，如油桶、储水桶、空的饮料瓶、木酒桶或塑料桶、足球、篮球、树木以及桌椅板凳、箱柜等质地好的木质家具等作为临时救生品，做水上转移。地势低洼的住宅区、商业区可用沙袋、草包、挡板等堵在门口等进水处，做好围堵的措施，一旦房屋进水，立即切断电源及气源。

②万一不幸掉进水里，不要慌张，尽量让身体漂浮在水面，头部浮出水面，大声呼救。踩水助游，抓住身边漂浮的任何物体。如不会游泳，则应面朝上，头向后仰，双脚交替向下踩水，手掌拍击水面，让嘴露出水面，呼出气后立刻使劲吸气。如果在水中突然抽筋，可深吸一口气，潜入水中，伸直抽筋的那条腿，用手将脚趾向上扳，以解除抽筋。

③当车内进水，车门打不开时，不要砸前挡风玻璃，应该击打车窗玻璃四角，因为前挡风玻璃夹胶，即便打碎，也有一层胶把碎玻璃粘贴在一起，不易逃生。如果车窗打不碎，就静静等待车子进水。当车内的水深度接近头部时，深吸一口气，推开车门。因为，当车内外水压接近时，车门容易被打开。

④雨季远离电线杆、高压线塔，避免发生触电，危及生命。注意暴雨引发的其他灾害情况，如山体滑坡、泥石流等。时刻关注当地广播、电视等媒体发布的洪水信息。保持与外地通信联系，选择最佳撤离路线。准备一些必要的食品和应急物品，如医药、取火物品、保暖衣物、饮用水等。洪涝灾害过后，要做好各项卫生防疫工作，预防疫病的流行。

(2)互救。具体措施如下：

①若已得知洪水信息，应快速通知他人，并组织大家按照预案或者演练的方式进行撤离，撤离至安全区或者较高的地方，应注意对老弱病残孕人员的协助。

②若与他人一起被困于洪水中，应鼓励他人积极面对，不要放弃，号召大家抱团取暖，分享食物，安心等待救援；对焦躁不安或者恐惧者，应进行心理引导。

③发现落水者，可利用长杆、绳子、床单等物品，将其拉近并救起。

④溺水者从水中救起后，呼吸道常被呕吐物、泥沙、藻类等异物阻塞，应以最快的速度使其呼吸道通畅，并立即将患者平躺，头向后仰，抬起下巴，撬开口腔，将舌头拉出，清除口鼻内异物，如有活动假牙也应取出，以免坠入气管；有紧裹的内衣时，也应解除。

⑤对于呛水者，应迅速抱起患者的腰部，使其背向上、头下垂，尽快倒出肺、气管和胃内积水；也可将其腹部置于抢救者屈膝的大腿上，使头部下垂，然后用手平压其背部，使气管内及口咽的积水倒出。在此期间抢救动作一定要敏捷，务必控制好时间，切勿因控水过久而影响其他抢救措施。如排出的水不多，应立即采取人工呼吸、胸外心脏按压等急救措施，同时尽快联络医疗机构急救。

⑥淹溺后，人身体会急剧降温，应尽量使患者体温恢复到30～32℃，速度不能过快，可以用热水浴、保暖电器取暖等方式。

## （二）泥石流灾害

1. 泥石流灾害概述

泥石流是指由于降水（暴雨、冰川、积雪融化水）在沟谷或山坡上产生的一种挟带大量泥沙、石块和巨砾等固体物质的特殊洪流。其汇水、汇沙过程十分复杂，是各种自然和（或）人为因素综合作用的产物。泥石流具有突然性以及流速快、流量大、物质容量大和破坏力强等特点。发生泥石流常常会冲毁公路铁路等交通设施甚至村镇等，造成巨大损失。泥石流、滑坡、山洪的本质都是在水动力作用下的沙土顺势滑动的过程，只是沙水含量的不同，而且都只发生在有一定坡面的山体周围，这些地区往往是乡镇农村，防灾意识薄弱，防灾能力不足，造成的损失往往是巨大的。

2. 泥石流灾害现场急救

（1）自救。具体措施如下：

①泥石流、山洪等地质灾害发生前往往有前兆，比如山体松动，树木倾倒，山体周围出现巨石撞击，产生巨大的响声，这种响声非常沉闷，不同于风雨、雷电、爆破等声音，同时，会出现沟槽内断流和沟水变浑的现象，可能是上游有滑坡活动进入沟床，或泥石流已发生，并堵断沟槽。一旦发现这些现象，要高度警惕，这很有可能是泥石流将至的征兆，一定要及时撤离到安全地带。

②在山谷中停留时，一旦遭遇大雨，要迅速转移到安全的高地，不要在谷底过多停留，泥石流发生时，要马上与泥石流成垂直方向向两边的山坡上面爬，爬得越高越好，跑的越快越好，绝对不能往泥石流的下游走。立即丢弃身上背着的沉重的旅行装备及行李等，选择安全路径逃生，但通信工具不能丢弃，以便于外界联系求助。

③遇到泥石流的时候，可以就近选择树木生长密集的地带逃生，这样密集的树木可以阻挡泥石流的前进。但不应上树躲避，因泥石流不同于一般洪水，其流动中可沿途切除一切障碍，泥石流所到之处，大树会被连根拔起，所以上树逃生不可取。

④要是不幸被淹没或掩埋，请务必趴下，切忌过度挣扎。当被泥石流掩埋时，可活动空间小、氧气量少，这样做有助于减少身体新陈代谢，赢得更多的生存时间，等待救援人员救援。

（2）互救。具体措施如下：

①一旦发生泥石流、滑坡事故，首先应由疏散组进展疏散，清点人员，确定有无人员失踪、受伤。了解事发前该区域施工人员情况、作业人数，如有施工人员失踪或被埋，立即组织有效的挖掘工作。挖掘应从泥石流或滑坡的两侧开始进行，切忌从泥石流或滑坡的下游进行，这样会加剧灾害带来的损失。应采用人工挖掘，制止采用机械挖掘，防止机械对被埋人员造成伤害。人工挖掘尽量防止使用锋利性工具。对于大块沉重物体，应合理组织搬运，尤其是压在被埋人员身上的大块物体，必须组织好足够人力方可搬运，搬运前应明确职责，由专人负责将被埋人员移动出。

②发现被掩埋者时，使其头部先露出，让其呼吸，第一时间清除其口鼻处沙土，松解衣带，助其呼吸。立即挖出伤员，注意不要造成二次伤害，动作要轻、准、快，不要强行拉扯。救出后，检查呼吸心跳，若呼吸心跳停止，施以心肺复苏操作；如有出血性外伤，

先用清水冲洗伤口，再立即使用止血带或干净布条止血；有骨折者，即用硬板固定骨折部位，第一时间送往医院治疗。

## 二、火灾事故现场急救

在人类社会生活中，火灾是威胁公共安全，严重危害人们生命财产的灾害之一。当今，火灾是世界各国人民所面临的一个共同的灾难性问题。它给人类社会造成过不少生命、财产的严重损失。随着社会生产力的发展，社会财富日益增加，火灾损失上升及火灾危害范围扩大的总趋势是客观规律。

据相关资料介绍，全世界每天发生火灾 1 万多起，造成数百人死亡。近几年来，我国每年发生火灾约 4 万起，死亡 2000 多人，受伤 3000～4000 人，每年火灾造成的直接财产损失 10 多亿元，尤其是造成几十人、几百人死亡的特大恶性火灾时有发生，给国家和人民群众的生命财产造成了巨大的损失。

### (一) 火灾现场的主要伤害

1. 缺氧

人们正常呼吸时空气中的氧气占 21%左右(体积比)。在这种情况下，人们的思维敏捷、判断准确，身体各个部位不会出现不良反应。由于火场上可燃物燃烧消耗氧气，同时产生毒气，使空气中的氧浓度降低。特别是建筑物内着火，在门窗关闭的情况下，火场上的氧气会迅速降低，使火场上的人员由于氧气减少而窒息死亡。空气的含氧量降低时对人体的影响，主要有：当氧气在空气中的含量由 21%的正常水平下降到 15%时，人体的肌肉协调受影响；如再继续下降至 14%～10%，人虽然有知觉，但判断力会明显减退(患者自己并不知道)，并且很快感觉疲劳；下降到 10%～6%时，人体大脑便会失去知觉，呼吸及心脏同时衰竭，数分钟内可死亡，但在未死亡之前，用新鲜空气或氧气及时救治，可使缺氧的人慢慢复活。

2. 高温

火场上由于可燃物质多，火灾发展蔓延迅速，气体温度在短时间内即可达到几百摄氏度。空气中的高温，能损伤呼吸道。当火场温度达到 49～50℃时，能使人的血压迅速下降，导致循环系统衰竭。只要吸入的气体温度超过 70℃，就会使气管、支气管内黏膜充血起水泡，组织坏死，并引起肺水肿而窒息死亡。据统计分析，人在 100℃环境中即出现虚脱现象，丧失逃生能力，严重者会造成死亡。在火场，经常可以发现体表几乎完好无损的死者，这些死者大多是由于吸入过多的热气而致死的。同时，火焰高温给人体带来的灼烧伤害会产生很大的痛苦。

3. 烟尘

火场上的热烟尘由燃烧中析出的碳粒子、焦油状液滴，以及房屋倒塌时扬起的灰尘等组成。这些烟尘随热空气一起流动，若被人吸入呼吸系统后，能堵塞、刺激内黏膜，有些甚至能危害人的生命。其毒害作用随烟尘的温度、直径大小不同而不同，其中温度高、直径小、化学毒性大的烟尘对呼吸道的损害最为严重。

飞入眼中的颗粒使人流泪，损伤人的视觉；烟尘进入鼻腔和喉咙后，人进行呼吸时就会打喷嚏和咳嗽。气流里的烟尘冷却到一定程度，水、蒸汽、酸、醛等便会凝结在这些烟尘上，如果吸入这种充满水分的颗粒，很可能把毒性很大或是刺激性的、不同成分组成的液体带入人的呼吸系统。

4. 毒性气体

火灾中可燃物燃烧产生大量烟雾，其中含有一氧化碳、二氧化碳、氮的氧化物、硫化氢等有毒气体。这些气体对人体的毒害作用很复杂。由于火场上的有害气体往往同时存在，其联合效果比单独吸入一种毒气的危害更为严重。这些毒性气体对人体有麻醉、窒息、刺激等作用，损害人的呼吸系统、中枢神经系统和血液循环系统，在火灾中严重影响人们的正常呼吸和逃生，直接危害人的生命安全。

### (二)火灾现场急救

1. 现场逃生

(1)一旦遇到火灾，被火所困时，不要慌不择路、盲目跳楼或不加保护地强行通过火区，应冷静分析，机智地选择简捷而又平安的逃生路线和方法，果断抓住时机，迅速、平安逃离火场。

(2)遇到火灾，首先要镇静，不要慌张，迅速找到着火的部位，假设是初起火灾，要设法扑救。确实无能力扑救时，尽快拨打“119”，敲门或利用播送等各种方法通知其他人逃生。报警时应讲清楚着火发生的地点，说清什么东西着火和火势大小，以便消防部门调出相应的消防车辆、器材，注意听清消防队的询问，正确简洁地予以答复。

(3)扑灭小火，防火蔓延。当发生火灾时，如果发现火势不大，且尚未对人造成威胁时，应利用周围的消防器材奋力将小火控制、扑灭。火灾初起阶段，火势较弱，范围较小，要采取有效方法控制火势，据统计，70%以上的火警都是由在场人员扑灭的。

(4)建立防烟堵火避难场所。假设房外着火，身处房内者，应先用手摸房门。如果烟味很浓，房门已经烫手，说明大火已经封门，切勿贸然开门，否则火焰浓烟势必迎面扑来。这时可创造避难场所等待救援，首先应关紧迎火的门窗，并翻开背火的门窗，切忌不要打碎玻璃，如窗外有烟进来时，要赶紧把窗户关上，用湿毛巾或湿布塞堵门缝或用水浸湿棉被蒙在门、窗上，然后不停地用水淋透房间门窗。

(5)火场逃生必经浓烟区时，逃生者最好戴上防毒面具，或就地取材用湿毛巾、淋湿的棉织物折叠起来捂住口鼻。因为浓烟带着热量和有毒物质向上涌，贴近地面的空气中，浓烟的危害最低，所以逃生者应尽可能弯腰低身或就地爬行，以减少烟气侵袭。在火场逃生时，必须冲过火势不太猛烈的燃火地带时，首先应先将身上的衣帽鞋袜弄湿，然后用浸湿的棉被或毯子披在身上，屏住呼吸，迅速果断地冲过燃火带。

2. 烧伤急救

(1)若身上衣物着火，应尽快脱去着火的衣服，特别是化纤衣服，以免继续燃烧，使创面扩大加深。迅速卧倒，慢慢在地上滚动，压灭火焰。用水将火浇灭，或跳入附近水池、河沟内灭火。衣服着火时，不得站立或奔跑呼叫，以防头面部烧伤或吸入性损伤。使伤员迅速离开密闭和通气不良的现场，防止吸入烟雾和高热空气引起呼吸道损伤。已灭火而未脱去的燃烧的衣服，特别是棉衣或毛衣，务必仔细检查是否仍有余烬，以免再次燃烧，使烧伤加深加重。如若衣服和皮肤粘在一起，可在救护人员的帮助下把未粘的部分剪去，并对创面进行包扎。

(2)防止休克、感染。为防止伤员休克和创面发生感染，应给伤员口服止痛片(有颅脑或重度呼吸道烧伤时禁用吗啡)和磺胺类药，或肌肉注射抗生素，并给予口服烧伤饮料，或饮淡盐茶水、淡盐水等。一般以多次喝少量为宜，如发生呕吐、腹胀等，应停止口服。要禁止伤员单纯喝白开水或糖水，以免引起脑水肿等并发症。

(3)保护创面。在火场，对于烧伤创面一般可不做特殊处理，尽量不要弄破水泡，不能涂龙胆紫一类有色的外用药，以免影响烧伤面深度的判断。为防止创面继续污染，避免加重感染和加深创面，对创面应立即用三角巾、大纱布块、清洁的衣服和被单等，给予简单而确实的包扎。手足被烧伤时，应将各个指、趾分开包扎，以防粘连。

(4)合并伤处理。有骨折者应予以固定；有出血时应紧急止血；有颅脑、胸腹部损伤者，必须给予相应处理，并及时送医院救治。

(5)迅速送往医院救治。伤员经火场简易急救后，应尽快送往临近医院救治。护送前及护送途中要注意防止休克。搬运时动作要轻柔，行动要平稳，以尽量减少伤员痛苦。

3. 中毒窒息急救

如果是一氧化碳中毒，中毒者还没有停止呼吸，则应脱去中毒者被污染的衣服，松开领口、腰带，使中毒者能够顺畅地呼吸新鲜空气，也可让中毒者闻氨水解毒。如果呼吸已经停止但心脏还在跳动，则立即进行人工呼吸，同时针刺人中穴；若心脏跳动停止，则应迅速进行心脏胸外挤压，同时进行人工呼吸。对于硫化氢中毒者，在进行人工呼吸之前，要用浸透食盐溶液的棉花或手帕盖住中毒者的口鼻。若毒物污染了眼部、皮肤，应立即用水冲洗。

救护中，抢救人员一定要沉着，动作要迅速。对于任何处于昏睡或不清醒状态的中毒人员，必须尽快送往医院进行救治，如有必要，还应由一位能随时给病人进行心肺复苏操作的人同行。

4. 休克急救

火场休克是由于严重创伤、烧伤、骨折的剧烈疼痛和有毒有害气体中毒窒息等引起的一种威胁伤员生命，极危险的严重综合征。虽然有些伤不能直接置人于死地，但如果救治不及时，其引起的严重休克常常可以使人致命。休克的症状是口唇及面色苍白、四肢发凉、脉搏微弱、呼吸加快、出冷汗、表情淡漠、口渴，严重者可出现反应迟钝，甚至神志不清或昏迷，口唇肢端发绀，四肢冰凉，脉搏摸不清，血压下降，无尿。预防休克和休克急救的主要方法是：

(1)在火场上要尽快地发现和抢救受伤人员，及时妥善地包扎伤口，减少出血、污染和疼痛。尤其对骨折、大关节伤和大块软组织伤，要及时进行良好的固定。一切外出血都要及时有效地止血。凡确定有内出血的伤员，要迅速送往医院救治。

(2)对急救后的伤员，要安置在安全可靠的地方，让伤员平卧休息，并给予亲切安慰和照顾，以消除伤员思想上的顾虑。待伤员得到短时间的休息后，尽快送医院治疗。

(3)对有剧烈疼痛的伤员，要服止痛药。也可以施以耳针止疼，其方法是在受伤相应部位取穴针刺，选配神门、枕、肾上腺、皮质下等穴位。

(4)对没有昏迷或无内脏损伤的伤员，要多次少量给予饮料，如姜汤、米汤、热茶水或淡盐水等。此外，冬季要注意保暖，夏季要注意防暑，有条件时要及时更换潮湿的衣服，使伤员平卧，保持呼吸通畅。

## 三、突发公共卫生事件现场急救

公共卫生事件，是指突然发生，造成或者可能造成社会公众健康严重损害的重大传染病疫情、群体性不明原因疾病、重大食物和职业中毒以及其他严重影响公众健康的事件。近年来，我们经受了新型冠状病毒肺炎疫情的考验，已意识到公共卫生事件的防范的重要性。

重大传染病疫情是指某种传染病在短时间内发生，波及范围广泛，出现大量的患者或死亡病例，其发病率远远超过常年的发病率水平的情况。群体性不明原因疾病是指在短时间内，某个相对集中的区域内同时或者相继出现具有共同临床表现的患者，且病例不断增加，范围不断扩大，又暂时不能明确诊断的疾病。重大食物和职业中毒是指由于食品污染和职业危害的原因而造成的人数众多或者伤亡较重的中毒事件。重大动物疫情是指高致病性禽流感等发病率或者死亡率高的动物疫病突然发生，迅速传播，给养殖业生产安全造成严重威胁、危害，以及可能对公众身体健康与生命安全造成危害的情形，包括特别重大动物疫情。

### (一)重大传染病疫情的应急处置

重大传染病种类众多，重大传染病的暴发主要包括下列四种情况：

(1)法定传染病疫情暴发。发生甲类传染病(鼠疫和霍乱)和乙类传染病中肺炭疽或传染性非典型肺炎；发生乙类、丙类传染病暴发(需特别重视病毒性肝炎、痢疾、伤寒和副伤寒、脊髓灰质炎、白喉、流行性脑脊髓膜炎、流行性乙型脑炎、流行性出血热、钩体病、炭疽、血吸虫病、流感的暴发疫情)。

(2)非法定传染病在较大范围内暴发，如水痘、口蹄疫等在较大范围内出现。

(3)罕见或已消灭的传染病发生或流行，如出现天花暴发流行疫情。

(4)出现新的传染病发生(输入)或流行，如军团病、埃博拉出血热、大肠杆菌感染、人禽流感病毒感染、莱姆病、黄热病、疯牛病、西尼罗河病毒脑炎、猴痘等新发传染病的疑似病例在大范围内出现。

重大传染病暴发后，由于传播途径不同，预防手段也各有差异。例如，对于肠道传染病，做好床边隔离，吐泻物消毒，加强饮食卫生及个人卫生，做好水源及粪便管理；对于呼吸道传染病，应使室内开窗通风，对空气流、空气消毒，个人戴口罩；对于虫媒传染病，应有防虫设备，并采用药物杀虫、防虫、驱虫。同时，要提高人群抵抗力，有重点、有计划地进行预防接种，提高人群特异性免疫力。人工自动免疫是有计划地对易感者进行疫苗、菌苗、类毒素接种，接种后免疫力在1~4周内出现，持续数月至数年。人工被动免疫是紧急需要时，注射抗毒血清、丙种球蛋白、胎盘球蛋白、高效免疫球蛋白，注射后免疫力迅速出现，维持1~2月即失去作用。

当发生突发事件后，对重大传染病应及时进行应急医疗救援，如采取通风、吸氧、呼吸面罩等现场处理措施，同时采取必要的措施及时控制传染源、切断传播途径和保护易感者，最大限度降低疫病的传播和人员伤亡。现场急救时间不宜过长，力争快速转运或边抢救边转运至传染病接收医院。由于重大传染病的急救措施属于医疗卫生部门专业人员掌握的技能，普通公民应该积极配合专业人员的工作，盲目处理可能会使患者病情加重或增加传染概率。

### (二)群体性不明原因疾病的应急处置

对于不明原因疾病，需要在调查过程中逐渐明确疾病发生的原因。因此，在采取控制措施上，需要根据疾病的性质，决定应该采取什么样的控制策略和措施，并随着调查的深入，不断修正、补充和完善控制策略与措施，遵循边控制、边调查、边完善的原则，力求最大限度降低不明原因疾病的危害。

1. 无传染性的不明原因疾病的应急处置

(1)积极救治病人，减少死亡。

(2)对共同暴露者进行医学观察，一旦发现符合本次事件病例定义的病人，立即开展临床救治。

(3)移除可疑致病源。如怀疑为食物中毒，应立即封存可疑食物和制作原料；怀疑为职业中毒，应立即关闭作业场所；怀疑为过敏性、放射性疾病，应立即采取措施移除或隔开可疑的过敏原、放射源。

(4)尽快疏散可能继续受致病源威胁的群众。

(5)在对易感者采取有针对性保护措施时，应优先考虑高危人群。

(6)开展健康教育，提高居民自我保护意识，群策群力、群防群控。

2. 有传染性的不明原因疾病的应急处置

(1)现场处置人员进入疫区时，应采取保护性预防措施。

(2)隔离治疗患者。根据疾病的分类，按照呼吸道传染病、肠道传染病、虫媒传染病隔离病房要求，对病人进行隔离治疗。重症病人立即就地治疗，症状好转后转送隔离医院。病人在转运中要注意采取有效的防护措施。治疗前注意采集有关标本。出院标准由卫生行政部门组织流行病学、临床医学、实验室技术等多方面的专家共同制定，患者达到出院标准方可出院。

(3)如果有暴发或者扩散的可能，符合封锁标准的，要向当地政府提出封锁建议，封锁的范围根据流行病学调查结果来确定。发生在学校、工厂等人群密集区域的，如有必要，应建议停课、停工、停业。

(4)对病人家属和密切接触者进行医学观察，观察期限根据流行病学调查的潜伏期和最后接触日期决定。

(5)严格实施消毒，按照《中华人民共和国传染病防治法》要求处理人、畜尸体，并按照《传染病病人或疑似传染病病人尸体解剖查验规定》开展尸检并采集相关样本。

(6)对可能被污染的物品、场所、环境、动植物等进行消毒、杀虫、灭鼠等卫生学处理。疫区内重点部位要开展经常性消毒。

(7)疫区内家禽、家畜应实行圈养。如有必要，报经当地政府同意后，对可能染疫的野生动物、家禽家畜进行控制或捕杀。

(8)开展健康教育，提高居民自我保护意识，做到群防群治。

(9)现场处理结束时，要对疫源地进行终末消毒，妥善处理医疗废物和临时隔离点的物品。

### (三)食物中毒的现场急救

食物中毒是指患者所进食物被细菌或细菌毒素污染，或食物含有毒素而引起的急性中毒性疾病。食物中毒由于没有个人与个人之间的传染过程，所以导致发病呈暴发性，潜伏期短，来势急剧，短时间内可能有多数人发病，发病曲线呈突然上升的趋势。中毒病人一般具有相似的临床症状，常常出现恶心，呕吐，腹痛，腹泻等消化道症状。

食物中毒急救办法有：

(1)催吐：如果吃下食物的时间在1~2小时内，可使用催吐的方法，那么在这个时候就可以同催吐的方法来进行缓解，可采取喝浓盐水或温生姜水的方式，如果不吐，可多喝几次，迅速促进呕吐。患者还可用筷子、手指或鹅毛等刺激咽喉，引发呕吐。

(2)导泄：如果病人吃下去的中毒食物时间较长，一般已超过2~3小时，而且精神较好，可使用利尿剂或泻药等药物辅助患者尽快将中毒食物排出体外。

(3)解毒：如果是吃了变质的鱼、虾、蟹等引起食物中毒，可取食醋100毫升，加水200毫升，稀释后一次服下。若是误食了变质的饮料或防腐剂，最好的急救方法是用鲜牛奶灌服。如果经上述急救，症状未见好转，或中毒较重者，应尽快送医院治疗。

# 参 考 文 献

1. 应急管理部发布 2022 年全国自然灾害基本情况. 中华人民共和国应急管理部. https：//www.mem.gov.cn/xw/yjglbgzdt/202301/t20230113_440478.shtml.
2. “十四五”国家应急体系规划. 中华人民共和国国家发展和改革委员会. https://www.ndrc.gov.cn/fggz/fzzlgh/gjjzxgh/202203/t20220325_1320218.html.
3. 岳茂兴．灾害事故现场急救[M]. 北京：化学工业出版社，2022.
4. 张在其．灾难与急救[M]. 北京：人民卫生出版社，2017.
5. 沈洪，刘中民．急诊与灾难医学[M]. 第 3 版. 北京：人民卫生出版社，2018.
6. 杜亚明，刘怀清，唐维海．实用现场急救技术[M]. 北京：人民卫生出版社，2014.
7. 宋昕．简明检伤分类法[J]. 中华灾害救援医学，2018，6(01)：62.
8. 邹晓平，杜国平．现场急救[M]. 第 3 版. 苏州：苏州大学出版社，2018.
9. 李春梅，张钰华．现场急救与突发事故处理[M]. 成都：西南交通大学出版社，2017.
10. 汪正荣，李秀．灾害现场急救[M]. 南京：南京大学出版社，2018.
11. 刘中民，田军章. 灾难医学[M]. 北京：人民卫生出版社，2014.
12. 岳茂兴. 灾害事故现场急救[M]. 北京：化学工业出版社，2022.
13. 张在其．灾难与急救[M]. 北京：人民卫生出版社，2017.
14. 卫生部办公厅关于做好突发事件紧急医疗救援信息报告工作的通知【卫办应急发〔2011〕117 号】. http：//www. gov. cn/zwgk/2011-09/06/content_1941507. htm.
15. 孙宏伟，等．心理危机干预[M]. 第 2 版．北京：人民卫生出版社，2018.
16. 沈洪，刘中民．急诊与灾难医学[M]. 第 3 版．北京：人民卫生出版社，2018.
17. 姚树桥，杨艳杰．医学心理学[M]. 第 7 版．北京：人民卫生出版社，2018.
18. 中华人民共和国传染病防治法．https：//baike. so. com/doc/5412518-5650655. html.
19. 呼文亮．救援管理学[M]. 天津：天津科学技术出版社，2009.
20. 刘中民，田军章. 灾难医学[M]. 北京：人民卫生出版社，2014.
21. 葛均波，徐永健，王辰．内科学[M]. 第 9 版．北京：人民卫生出版社，2018.
22. 沈洪，刘中民．急诊与灾难医学[M]. 第 3 版．北京：人民卫生出版社，2018.
23. 张文武．急诊内科学[M]. 第 4 版．北京：人民卫生出版社，2017.
24. 王吉耀，葛均波，邹和健．实用内科学[M]. 第 16 版．北京：人民卫生出版社，2022.
25.《现场触电急救与创伤急救培训教材》编写组．现场触电急救与创伤急救培训教材[M]. 北京：中国水利水电出版社，2008.
26. 许铁，张劲松，燕宪亮．急救医学[M]. 第 2 版. 南京：东南大学出版社，2019.

27. 王晓燕．实用临床急救护理[M]. 武汉：湖北科学技术出版社，2017.
28. 朱鹏．电力安全生产及防护[M]. 北京：北京理工大学出版社，2020.
29. 李春梅，张钰华，张惠娟．现场急救与突发事故处理[M]. 成都：西南交通大学出版社，2017.
30. 杜亚明，刘怀清，唐维海．实用现场急救技术[M]. 北京：人民卫生出版社，2014.
31. 窦英茹，张菁．现场急救知识与技术[M]. 北京：科学出版社，2018.
32. 王传林，殷文武. 动物致伤致病与规范化防治[M]. 上海：上海浦江教育出版社，2023.
33. 张玲娟，张雅丽，皮红英．实用老年护理全书[M]. 上海：上海科学技术出版社，2019.
34. 张在其．灾难与急救[M]. 北京：人民卫生出版社，2017.
35. 卢天舒，李雪玉，于佳平．灾后医疗辅助救援人员速训指南[M]. 沈阳：辽宁科学技术出版社，2019.
36. 中国心胸血管麻醉学会急救与复苏分会，中国心胸血管麻醉学会心肺复苏全国委员会，中国医院协会急救中心(站)管理分会，等．淹溺急救专家共识[J]. 中华急诊医学杂志，2016,25(12):1230-1236.DOI:10.3760/cma.j.issn.1671-0282.2016.12.004.